2062

终结

人类智能未来史

[澳] 托比·沃尔什 —— 著　罗静 —— 译
TOBY　WALSH

THE WORLD
THAT AI MADE

TOBY　WALSH

湖南科学技术出版社　博集天卷 CS-BOOKY

献给A和B

让我的生命变得完整

对《2062：终结》的赞誉

● 正如托比·沃尔什（Toby Walsh）令人信服的结论所云，"哲学的黄金时代就要开始了"。这足以证明了从现在至2062年我们所面临问题的丰富性与紧迫性。这是迫在眉睫的邀约——让我们来想象我们想要的未来，也是生动的激励——让我们努力付诸实践。

——布莱恩·克里斯汀（Brian Christian），

《人之为人》（*The Most Human Human*）作者，

《算法之美》（*Algorithms to Live By*）合作者

● 如果你想探索人工智能塑造的破坏性未来是什么样的，请阅读这本书。

——詹姆斯·坎顿（James Canton），

全球未来学院首席执行官，《未来智能》（*Future Smart*）著者

● 总有一天，机器将在所有形式的一般智能上超越人类。什么时候会发生呢？据专家调查，答案是2062年。如果你想读到生动的、博闻强识的

对未来世界的推测，那么没有比托比·沃尔什的新书更棒的了！

——艾瑞克·布吕诺尔夫松（Erik Brynjolfsson），麻省理工学院教授，

《第二次机器时代》（*The Second Machine Age*）合著者

♀ 在一个充满迷雾与不确定的世界中保持罕有的清醒与理智——一本应时的、探讨人类生存竞赛的书。

——理查德·沃特森（Richard Watson），

《数字与人类》（*Digital VS Human*）著者，帝国理工学院驻院未来学家

♀ "接下来会发生什么"是驱动人类好奇心与创新的问题。在《2062：终结》中，沃尔什提出了我们视线之内最关键的时刻之———机器变得像人类一样聪明之时。若您正在寻找驾驭未来的路线图，请不要再犹豫了。

——乔·沃纳（Joel Werner），播音员、科学记者

♀ 一位能胜任的智者对人类所面临的最深刻问题之一所做的思考。快翻开吧！

——亚当·斯宾塞（Adam Spencer），播音员

目 录
CONTENTS

2069

01

数码人

人工智能会摧毁人们的工作吗？甚至是摧毁那些需要创造力的工作。人工智能会变得有意识吗？人工智能对于自由意志的概念意味着什么？

人为动物，惟物之灵——事实上，在居住于这颗星球上的芸芸众生当中，我们或许是最与众不同的物种。我们的先祖曾经负土导江、移山填海。从吉萨的大金字塔到中国的长城再到圣家堂，这些古今奇观都是人类创造力的见证。[1]

　　我们创造出了一系列科学理论以解释宇宙的奥秘——目前人类科学已可以描述130亿地球年前宇宙诞生数毫秒之后的状态直至其10^{100}年之后的终极命运。[2]在文明之光的照耀下，我们从茹毛饮血到刀耕火种，从消灭天花到推翻暴君。而在人类发展的历程中，我们更留下了诸如巴赫（Bach）的《马太受难曲》（*St Matthew Passion*）、米开朗基罗（Michelangelo）的《大卫》（*Dawid*）以及印度泰姬陵等艺术瑰宝。

---

[1]　与人们的普遍认知相反，中国的长城实际上在太空中是看不见的，但是吉萨金字塔却可以从地球低轨卫星中看到。

[2]　1 googol 是 10^{100}，或者 1 后加 100 个零。谷歌公司便是以 "googol" 的错误拼写而命名的。

　　但在永不停止的进化长河中，人类也注定会被更新的物种所取代。正如在我们之前出现的尼安德特人一样，现代智人（人类）在地球上存在的印记，包括那些惊天动地的成就也终将湮灭于进化史的尘埃之中。

　　早在5万年之前，早期智人已经显现出相对尼安德特人压倒性的竞争优势。如今，我们已经难以确定尼安德特人灭绝的确切时间和原因，或许是他们无法适应当时的气候变化（今天的我们也面临相同的问题），又或许是来自智人的竞争压力使他们丧失了原有的生态位。

　　但无论如何，尼安德特人被我们取而代之是不争的事实。正如我们之前的物种一样，人类也注定会被一种新的、更为成功的物种所取代。而现在，我们甚至可以用人类的智慧去勾勒取代者的形象。

　　我们的取代者可以被称为"数码人"——顾名思义，也就是数码化之后的人类。在不久的将来，人类生活的方式和场所或许将很大程度地，甚至在某些方面彻底地转移到数码世界。人类的思想将会被人工智能的思想所取代，许多在现实世界中的人类活动同样也将在虚拟世界中被数字化——这就是我们人工智能化的未来。

　　在我最近的著作中，我们回顾了人工智能自古希腊时代开始的发展历程，并展望了其未来50年（到2062年止）的发展前景。[1]我们从技术的角度分析：基于今天我们所建造的数字机

---

[1]　在澳大利亚，我最新一本书的书名是《还活着！从逻辑钢琴到杀手机器人的人工智能》。但在英国，适逢"脱欧"后，它名为《安卓梦：人工智能的过去、现在和未来》。在美国，它名为《能思考的机器：人工智能的未来》。

器，人工智能技术在2062年前后将达到比肩人类本身的智力水平。这本书从上一本的时间节点开始，探讨在该历史节点之后的100年至200年间人类文明的走向[1]。相较于具体技术，本书将着重讨论这些会思考的机器可能会对人类产生的影响。

虽然，正如阿瑟·查理斯·克拉克（Arthur C. Clarke）指出的那样，超越时代的技术在如今看来不啻魔法。[2]但本书也无意讨论100年至200年之后人工智能技术的具体实现方式，更重要的是我们如何利用这项技术，因为它将是有史以来最强大的"魔法"。

智人的崛起

人类如何变得如此成功？无论好坏，为何是我们最终取代尼安德特人近亲、主宰地球的？

事实上，尼安德特人与智人的差别并不大，我们的基因序列

---

[1]　补充一些关于2062年的有趣事实。埃隆·马斯克（Elon Musk）预测：到2062年，火星上可能会有百万人口的城市。《杰森一家》（*The Jetsons*）是部颇受欢迎的电视动画片，里面有机器人女佣与飞车。这部于1962年开播的动画片的时间点已被设定为"在100年后的未来"。对1986年错过哈雷彗星的人来说，2062年，它应该会再次被人类的眼睛观察到，但如果当时世界已经毁灭了，那就不可能了。因为在1704年，艾萨克·牛顿曾预言，世界末日将在2060年到来。

[2]　当我还是个梦想着制造能思考的机器的小男孩时，阿瑟·查理斯·克拉克是我最喜欢的科幻作家之一。克拉克曾提出，任何足够先进的技术都无法与魔法区分开来。

有99.7%与尼安德特人完全相同。从外观上看，尼安德特人较之智人略微矮小、粗壮——这使前者拥有更小的表面积-体积比，从而也更容易适应季节性的气候变化。[1]与此同时，与许多人的想象不同的是，事实上，尼安德特人拥有比一般人类更大的绝对脑容量，在换算考虑了体型因素之后，其相对脑容量也与智人基本相当。

到底是什么让智人最终在竞争中拥有进化优势呢？或许我们永远无法确切地知道，但语言的产生毫无疑问是个不可忽视的因素。早期智人早在约10万年前就已经发展出了较为复杂的口头语言系统，而与之形成对比的是，考古学证据表明，尼安德特人最多仅产生过更接近音乐而非语言的原始发音系统。

但正如之前我所提到的，语言的产生是否真的在智人与尼安德特人的竞争中产生过关键作用，如今人们已经很难确定。直到20世纪末，语言的起源依旧很少成为严肃科学研究的对象。因为研究材料的缺失，更早期关于这一问题的假说往往都会流于主观臆测——这也导致了关于语言起源的讨论长期以来被英法等国的主流语言学界所排斥。巴黎语言学会在其1866年成立时颁布的章程中明确规定："本学会不接受任何关于语言起源与创造普世语言的讨论。"位于伦敦的文献学会也在1872年颁布了类似规定。

在此等学术规范的影响下，20世纪的大多数语言学工作更多

---

[1]　在同样体积下，更加矮胖的体型更接近于球形，故拥有更小的表面积。——译者注

地集中于分析现存语言的结构，而较少讨论这些结构的演化与由来。但这个问题本身很重要。为何只有智人产生了复杂的语言？它对人类进化的影响又有哪些？

甚至到了20世纪70年代，关于语言起源的讨论虽已重新被主流学术界逐渐接受，但争论依然主要集中于语言演化的路径，而非其演化年代以及对人类进化的影响。语言学家争论的课题主要集中在语言是人类作为物种与生俱来的（乔姆斯基持此观点），抑或是从某种更为原始的发音系统逐渐演化而来。但与此同时，学界对语言在人类生存竞争中所起到的巨大作用则并未给予足够的重视。

语言的影响

在语言出现前，知识的传承与习得往往会受到极大的限制：新一代个体往往需要从零开始，重新去"发现"曾经被前代个体所掌握的技能。虽然诸如识别有毒植物、制作木质长矛、在雨林中从树叶上获取饮用水等部分技能可以现场展示和传授，但这种方式往往十分低效，而且很容易随个体的死亡而使得已被发现的技能再度失传。

进化本身也是一个学习过程，不过这一过程较之通过现场展示来掌握知识的方式无疑要缓慢和粗糙得多。增加生存概率的行为基因更有可能传递给下一代，但这种进化模式也就止步于此了。世界上还未进化出能耕种牧草的牛或是会养殖海豹的鲨鱼，而如果相应的物种没有能够进化出语言，它们很可能永远不会单凭自然选择而演化出上述复杂行为。

语言改变了游戏规则。拥有语言后，我可以向读者描述植物是否可以食用，比如，"不要吃有斑点的蘑菇，不要吃看着很诱人的红色浆果"。我还可以向读者传授如何捕捉一只鹿："逆风接近猎物，让太阳落在你身后，黎明或黄昏时候最好不过了。"还有如何种植小麦，"春种而秋收，霜冻后方可播种"。

然而，语言所做的不仅仅在于使下一代捕获食物、收割庄稼与耕种土地变得更容易，它还给我们带来了故事、神话与宗教。与语言相携而来的有天文学与占星术、地理学、历史学、经济学、政治学，还有科学、技术与医学。正是语言使得智人成为智人。

社会因语言而发展并愈发强大。语言让我们共同努力、解决冲突并相互信任；语言使我们能够发展易货贸易和随之而来的货币经济。语言促使人们专注于不同角色，推动教育，促进政治制度的形成。

重要的是，语言意味着学习不仅是个人之事，还是集体之事，我们拧成了一股集体性的力量。当有人逝去时，知识也不会再因此而丢失，人们还可以迅速且轻松地实现代际交流。

尼安德特人就没有此等机会。

书写的影响

当口语与书写并存时，智人又向前迈进了一步，这一步最终帮助我们实现了对地球的主宰。

公元前5000年左右，中国出现了书写的记录。公元前3100年左右，美索不达米亚也出现了书写的记录，二者各自独立。写作使社会变得更加复杂，城市开始成为社区生活的中心，用于管理的法律法规被编订成文，人们如今能够记录财产交易与财产权，并制定了刑法。书写保证了城市以更有序的方式运作。

书写意味着学习不再受时间或空间的限制。口语只能让人们在听力所及内学习，几乎把人限制到其社交范围内，但是，一旦知识被写下，就能够接触到范围更广的一群人。

当然，最初写作速度缓慢而且造价昂贵。抄写员费心费力地手工复制文本，手工抄毕《圣经》需要100多天的时间。虽然那个时候大部分人是文盲，但仍可间接地从写作带来的好处中获利。

印刷的发展是人类跨越的第三步，这一步则近多了。约翰尼斯·谷登堡（Johannes Gutenberg）于公元1440年前后发明了印刷机，在此后的100年左右的时间里，整个欧洲的书籍总共不到10万册。然而，到了下个世纪，这个数字增长了三倍多。再到下个世纪，图书数量再次增长了一倍，达到近70万册。时至今日，书籍出版成为一个价值数十亿美元的产业，每年有数十万人受到雇佣，生产数百万种新书。[1]

随着印刷机大大减少了书籍制造所需的成本与时间，我们将随后的那段时间称为"文艺复兴"也绝非巧合了。思想与知识如今可以快速而轻松地传播。今天互联网让我们能用极低的费用在全球范围内共享信息，知识变得廉价而丰富，人类则变得更加聪明。

合作学习

现在，进一步的变化正在发生，这个概念我称之为"合作学习"，与"群体学习"的概念联系密切又略有差异。

社会学家、人类学家及其他学者将世代以来智人通过群体性学习而进步的方式称为"群体学习"。每一代人跟从上一代群体学习。作为一个群体，我们更聪明，但这并不意味着我们每个人都更聪明。相比较而言，合作学习与群体学习不同。合作学习不是由群体同时、同地学习，而是群体中的每个人都在学习。在合作学习中，每个人都能学习到小组中任何其他人所学到的一切。小组中的每个人都会分享知识，因此，小组内的每个人都会变得更加聪明。

---

[1]　我们将很快讨论指数级变化，而书籍的产生是第一个对我们的社会产生影响的指数级变化之一，它深刻地改变了这个社会。

合作学习若是使用口语交流，则可以在包含数十或数百人的群体中进行。当你向我解释新的知识，我便能学会。加上书面语言，我们便可以将学习者同时增加到数百万甚至数十亿。当你写下你所学到的知识，任何能阅读它的人都能学到同样的东西，不过，也有很多技能是我们无法通过言语表达来展示的。学习骑自行车对你我来说同样费力，我能说出来或写下来让你没那么费力的东西也寥寥无几。

语言并非合作学习最理想的媒介，而我们交流所用的口语或许也不是思想的语言。我们必须将我们的思想诉诸语言，既而写下或说出这些想法。接着，另一人须通过理解这种语言所表达的思想才能掌握。这是一个缓慢、困难而极具挑战性的过程。

这将我们带入到学习的飞跃性变化，也使数码人具有无可比拟的优势。合作学习不再经由人类语言而直接从计算机代码开始，那么我只需与你分享我的计算机代码就足够了。代码无须思想与语言间的转换便可立即执行。与我们的记忆不同的是，代码不会衰减，或者说，代码一经学会后永远不会被遗忘。我们很难想出比共享计算机代码更好的合作学习方式了。

全球范围的学习

特斯拉和苹果等公司已经开始在全球范围内开展合作学习。例如，苹果正利用合作学习来改进其语音识别软件。地球上，每台苹果智能手机都可以学习和改进用于识别其他所有苹果智能手机语音的代码。类似地，特斯拉正在使用合作学习来改进自动驾驶功能，每辆特斯拉汽车都能更新自己与其他特斯拉汽车的驾驶功能。每天晚上，特斯拉汽车都可以下载并分享其软件的最新变化。若一辆特斯拉学会了如何避免撞上乱走的购物小推车，那么，地球上其他特斯拉也很快就会知道该怎么应对。

合作学习是智人对战数码人时丧失优势的原因之一，也是为何我们对数码人时代到来之迅速倍感惊讶的原因之一。我们习惯于从头开始学习一切，却没有在全球范围内学习的个人经验。

试想，假如你可以像计算机那样轻轻松松地通过共享代码来合作学习。那么，世界上的每一种语言你都能使用，国际象棋你也可以和加里·卡斯帕罗夫（Garry Kasparov）下得一样好，围棋水平也堪比李世石（Lee Sedol），数学证明媲美欧拉、高斯、埃尔德什，文学创作直逼华兹华斯、莎士比亚，世界上的每一种乐器你都能演奏……总而言之，你可以与地球上任何一方面最为擅长的人相匹敌，而且，你只会在这些活动中都做得更好。可能听起来有些耸人听闻，不过，当数码人开始分享计算机代码时，我们合作学习的未来指日可待。

要充分了解用计算机代码合作学习的好处，我们需要明确另外两个重要观点。其一，计算机是能运行任何程序的通用机器。其二，程序可以进行自我修正，尤其在给定任务中可以正向自我修正，变得比原设定更好。我来详细解释一下为何以上观点如此重要以及为何它们会使数码人优于智人。

通用机器

艾伦·图灵（Alan Turing）是人工智能之父中的一位，他对"计算机思考意义"的疑问广为人知。他还为可计算理论奠定了基础。他提出了一个简单而颇具革命性的想法：通用计算机——一台可以计算任何可计算物的机器。没错，正如上文所说，自图灵的想法问世以来，我们已能开发出一台这样的机器，它原则上可以进行目前任何计算机所能进行的运算，甚至还能进行那些尚未发明的计算机所能进行的一切运算。

通用计算机概念的核心是程序的概念与该程序运行的数据。[1]程序是计算机在解决问题时所遵循的一系列指令，我们不妨视之为"菜谱"，数据则是程序所处理的不同信息——类似于在烹饪过程中所用的配料。

想想某人在进行电子支付时银行余额实时更新的问题。不论付款金额多少或付款人如何，我们编个程序来执行就可以了。该程序所依据的数据是：客户名、银行余额的数据库、进行电子支付的客户名及其付款金额。

---

[1]　图灵的通用机器比我们现在的计算机更抽象、更机械。尽管如此，它同样强大。它包括一个写有符号的纸带（这是一条无限长的纸带 TAPE。被划分为一个接一个的小格子——译者注），一个能读取这盘磁带，能够在磁带上写新符号或向左向右移动磁带的磁头，一盒能够执行各种操作的电子设备，如读磁带、写磁带或移动磁带，具体取决于其内部状态和最近读取的符号。图灵在 1937 年第一次描述了这种机器。参见 Alan Turing. 'on Computable Number, with Application to the *Entsch eidungsproblem*', *Proceedings of the Lendon Mathematical Society*, Vol. 42, pp. 230–265.

编写电子支付的程序如下：首先，程序在数据库中查找客户名及其账户余额；其次，程序从余额中扣除付款；再次，程序更新数据库中的新余额。简单又高效。经过更改数据，我们可以从不同的客户，甚至从不同银行的客户数据库中扣除付款。如果我们改了程序，计算机也会相应做一些新的调整。比方说，我们要存款而不是付款，我们也有相应的程序来进行电子存款。

因此，一台计算机是通用机器的一个代表，它可以运行任何程序，这也是智能手机运行的秘密。它可以加载新的应用程序，这些应用程序允许它执行智能手机制造时并没有设计出的任务。这样，智能手机的功能已经变得比普通手机丰富太多：导航仪、日历、闹钟、计算器、备忘录、音乐播放器、游戏操纵台、个人助理……越来越多。

技术的进步可能会给我们带来运算速度更快的计算机，但是它们无法计算出比20世纪30年代图灵第一次预想中的通用机器更多的东西。最值得注意的是，图灵在第一台计算机建成之前就提出了这种通用计算机"图灵机"的想法。

另外，计算机是人类发明的唯一通用机器。试想通用旅行机可能带来什么——我们能在空中飞行、能在水下游泳、能横跨大陆旅行。它可以在铁轨、柏油碎石地面、草地，甚至流沙上运行。它可携带一人或一群人，甚至可以把你带到月球上去。想想吃了兴奋剂的变形金刚吧。

要执行某些新任务，计算机只需一个新程序，这便使得计算机具有了无限的适应性。我们现在所拥有的计算机还极具发展潜力，甚至有可能成为人工智能。我们只要能为计算机找到合适的程序运行即可。

我们甚至可以大胆地去想：无需去寻找这样的程序，因为计算机自己便可以找到，它能学习完成新任务，还可以学会如何聪明地行事。

会学习的机器

那么计算机如何学会新鲜事物呢？毕竟，计算机程序只是一些由计算机代码所规定的固定指令序列。实际上，"计算机代码"这个术语概括得很好。因为，程序的指令实际上是由使用代码所规定的。例如，在 Z80[1] 计算机上，代码 "87" 表示我们将两个数字相加，而 "76" 表示程序结束。在 6800 计算机上，代码 "8B" 表示数字相加，而 "DD" 表示结束程序。[2]

代码并不是神秘无边的，代码只是数据，一系列数字而已，这一点很有启发性。因而若我们想要更改程序，只需加载一些新

---

[1]　古董电脑，单机版电脑。——译者注

[2]　Z80 和 6800 微处理器的指令以十六进制数字或 16 为基数给出。十进制数字以 10 为基数：一旦超过 9，就转到 10，然后是 11，12，依此类推。在基数 16 中，当计数超过 9 时，使用 A（=10）、B（=11）、C（=12）、D（=13）、E（=14）、F（=15），然后使用 10（=16）、11（=17）、12（=18）等。6800 微处理器指令"停止"，以"停止并着火"这一助记符有趣地为人所知。在这种微处理器出现之前，计算机庞大却不可靠，而且让计算机停下来总是有一定的可能性会引起火灾。

代码作为数据即可。更强大的是：程序可以改变数据，可以改变自身。这是机器学习的核心：计算机可以从数据中学习并改变自己的代码以逐渐完善其性能。

了解机器学习算法运行如何决定要做哪些代码更改并不重要。有些是受到了进化的启发，如同有性生殖中基因的突变和交叉，还有的受到大脑本身的启发，如我们学习时大脑中发生的神经强化一般，更新了人工神经元之间的联系。在任何一种情况下，计算机都会保留那些能提高性能的变化，而扬弃那些拖累性能的变化。计算机能缓慢而准确地学会如何做得更好。

我们已经有一个很好的例子来说明如何建立智能，那就是我们自己——智人。我们的智力大体上要经过学习而得，出生时我们不会说话，也没有阅读或写作能力，更没有算术、天文学或古代历史知识（但我们能够学会所有这些，甚至更多）。

机器学习可能是能思考的计算机的重要组成部分。将数千年来我们开发的所有知识灌输到机器中，可以有效解决知识瓶颈的问题。事实上，我们自己编程所有知识的过程将是缓慢和痛苦的，幸而我们不需要如此，因为计算机可以简单地自己学习。

现在，我们可以看到为什么计算机在学习上会比人类好得多，计算机可以编写一个知道如何改进自己代码的程序，然后可以与其他计算机共享此代码。这多简单，而且比我们人类学习的方式更加有效。

下次当你试图教孩子如何计算数学函数的最大值或德语动词

变位时，你会希望她是台计算机就好了，这样教会她该是多么容易，只需给她一些代码就够啦。

计算机做的比得到的指令更多

机器学习推动了人工智能近期许多惊人的进展，它推进了谷歌（Google）的阿尔法围棋（AlphaGo）击败了地球上最棒的人类围棋选手，它还是谷歌翻译背后的秘密，还支持了许多其他程序，诸如诊断皮肤癌、玩扑克等如今能打败人类的具体任务。

对机器学习这个概念的常见看法之一是：计算机只会按照你的程序来操作。从简单层面来看，这是正确的，计算机具有确定性。[1]他们按照计算机代码的指令进行运算。他们不会越轨，也不能越轨，但是在更深的层次上，计算机可以做没有明确编程的事。他们可以学习新程序，甚至可以很有创意性。正如我们一样，它们可以通过自己的经历学习去做新的任务。

阿尔法围棋制造之初也不是为了能在围棋方面超越人类的围棋冠军。它完全是通过自身下了数百万次的围棋来学习的。它能超越人类的原因在于它比世界上任何人一生中所下过的围棋次

---

[1]　具有讽刺意味的是，虽然计算机是确定性机器，但计算机科学是实验最不可重复的科学门类之一。计算机已成为非常复杂的网络系统。结果是通常我们不可能精确地再现之前实验的条件。

数都要多。在学习如何玩得更好的过程中，它甚至变得有创意性——开发了围棋大师们未曾想到过的玩法，为如何下围棋提供了新的可能性。

阿尔法围棋不是唯一的例子。在西洋双陆棋、扑克、拼字游戏、国际象棋等各色游戏中，计算机现在玩得都比人类好。当有人告诉我计算机只能做编程好的事情时，我立即能列出六个电脑才是世界冠军的游戏。几乎在所有情况下，这些计算机程序都由具有中等能力的玩家编程，并且该程序通过学习比人类玩得更好，成了世界冠军。

机器的优势

要想理解为何智人将被取代，就需要了解计算机相对人类具有的众多优势以及数字世界对电脑模拟的优势。前文所述的合作学习自然是其中之一，还有其他的优势如下：

第一，计算机可以比人类的"内存"大得多。我们所记得的一切都必须存放在我们的头颅骨中。事实上，我们为了拥有现在这样大小的头部已经付出了巨大代价。直到如今，分娩依然是女性死亡的主要原因之一，而产道的大小限制了我们的头颅变得更大。但计算机没有这样的限制。我们可以简单地扩大其存储空间。

第二，计算机可以比人类工作速度快很多。大脑的工作频率在100赫兹以下，因为神经元每次需要百分之一秒才能发动。我们的大脑既是化学的，也是电的，这就进一步减缓了其速度。化学物质穿过神经边界并发生化学反应都需要时间。另一方面，计算机只受物理定律的约束。计算机的速度从1981年的5兆赫（每百万分之一秒能执行五条指令）上升到今天的大约5000兆赫（每十亿分之一秒能执行五条指令）。当然，仅看速度并不能作为今日衡量性能的极佳标准。计算机的原始速度近期没有太多提高，但计算机现在通过同时立即执行更多的操作而变得更快了。就像人类大脑一样，计算机现在可以同时执行多条指令。尽管如此，硅比生物学在速度上仍具有根本优势。

第三，人类的能源供给是有限的。成年人体每产生100瓦功率，我们的大脑就会消耗其中20瓦左右。[1]聪明的进化优势证明：把有限的能量投入大脑是合理的。但这样，我们就没有任何多余的能量来进行更多的思考了。相比之下，一台笔记本电脑的平均功率可以达到60瓦。如果你想要更多功能（或计算），你只需在云中运行即可。地球上70亿人的大脑共消耗大约14兆千瓦的电力，相比之下，全球运算已使用了超过该功率量的10倍。事实上，今天的运算已占据全球用电量的10%，即超过200兆千瓦，而且这个数字只会继续增长。

第四，人类需要休息和睡眠。计算机可以全天候工作，永不疲倦。正如我们之前看到的，阿尔法围棋在围棋上变得如此擅

---

[1]　大脑在我们的全部器官中是能量消耗最多的。相比之下，心脏的功率小于 5 瓦。

长，因为它能比任何人下更多次围棋。当然，对人类而言，睡眠在休息和恢复力量之外还可能起到各种其他作用。例如，它能帮助我们更新记忆，还可以解决一些潜意识里的问题。也许计算机也会以同样的方式受益，我们可以选择将它们编程为"偶尔睡眠一天"。

第五，人类健忘，但计算机并不。想想你有多少次浪费时间寻找丢失的东西，或者忘了生日。忘记有时可能是有用的，当然，它可以帮助我们忽略不相关的细节——通过编程让计算机忘记那真是小事一桩。

第六，人类可能会被情绪所蒙蔽，而今天的计算机没有情感，所以不会被蒙蔽。另一方面，情绪在我们的生活中扮演着重要角色，并且经常以积极的方式影响我们的决策。因此，它们似乎具有进化的价值，将来我们可能会选择给计算机以情感。在第三章，我将更详细地讨论这一主题，包括其他具有挑战性的话题，如计算机的意识问题。

第七，其实这一优势我们之前已经说过：人类在如何分享知识和技能方面是有限的，而计算机则不存在这个局限。任何计算机都可以运行其他计算机的代码。当一台计算机学会把汉语翻译成英语时，我们就能把这种能力赋予每台计算机。当一台计算机学会诊断黑色素瘤时，我们也能把这种技能赋予每台计算机。计算机是终极的合作学习者。

第八，现实中的人类是相当糟糕的决策者。我们已经进化到足够好的生存状态，但远非最佳状态。例如，我们在计算精确概率方面很糟糕。假如我们在这方面能做得更好的话，我们就永远不会买彩票了，但是，我们可以把计算机编程至最优状态。行为经济学领域研究我们的"次优决策"现象。例如，我们经常被避免损失所驱使，而非为了利润的最大化。行为经济学家称之为"损失规避"，还有很多次优行为的例子。很多人都害怕坐飞机，其实我们更应该担心的是开车去机场。我们明明知道自己应该减掉几磅[1]重量，但是果酱甜甜圈就是太好吃了没法停下来。

当然，这不是绝对的。计算机不是在各方面都比我们好。与计算机相比，人类也有几个主要优势。我们的大脑仍然比最大的超级计算机更复杂。我们是快速学习者，具有惊人的创造力、情商及社会同理心。但我非常怀疑，从长远来看，我们是否还能对计算机保持这些优势。我们已有证据表明计算机可以具有创造性，并具有情商及同理心。从长远来看，智人在与机器的竞争中几乎没有希望获胜。

我们的继任者

那么，未来会是数码人这个更有优势的物种取代我们人类吗？

---

[1] 磅：重量单位，1 磅 =453.59 克。——编者注

一个物种由其究竟是什么及其在何处活动来定义。就数码人而言，它是什么，它在何处活动，都将越来越数字化。数码人将始于我们人类的"数字化版本"。随着计算机变得更加智能，我们将把越来越多的思想外包给它们，这些数字实体将不再被我们复杂、混乱和有限的大脑所阻碍。我们将摆脱身体需要休息及睡眠的限制，摆脱最终腐烂及死亡的命运，我们将不再局限于每次只能在一处观察和行动。我们将无所不在。

通过数字化扩充我们的大脑，数码人将远比智人聪明。渐渐地，我们在人工智能云中的思考与思考之间的区别将越来越难以区分。数码人将超越我们的物质躯体，并将是生物和数字化的。我们将生活在我们的大脑及更大的数字空间中。

事实上，很多时候，数码人将不再是缓慢、混乱和危险的模拟世界的一部分，我们将越来越多地生活在一个纯粹的数字世界中。在经历了一个世纪的气候变化、金融危机和恐怖主义之后，这个数字世界将是一个受欢迎的、有组织的、井然有序的地方。这里不会有任何不确定性造成生活在地球上的痛苦，不会发生地震或滑坡，也不会有瘟疫。一切将遵循准确和公平的规则。数码人将成为这个数字世界的主人。从某种意义上说，我们将成为这个数字空间的神。

这是乐观的结果，因为我们要去建设这个数字化的未来。从这个意义上说，我们真的是神。我们能够确保这个数字化的未来是公平、公正和美丽的，抑或我们可以让当前塑造我们星球的人来定义数字化的未来如何，且允许它充满不平等、不公正与痛苦。我们可以选择，并且今天我们就要开始做出这些选择。

未来并非无法改变，未来本来就是我们今天所做决定的产物。但在我看来，我们似乎正处于关键时刻，许多力量把我们推向了一个滑坡，通往一个非常麻烦且令人不安的世界。

现在，我们有机会做出选择，将我们自己从穷途末路中拯救出来，走向更光明的数字化未来。有些选择是容易做的，也无须高昂的代价，而另一些却是困难的、昂贵的，可能需要远见、领导力、无私奉献甚至自我牺牲。

我们已足够幸运了。在过去的几十万年里，我们一直在探索我们所居住的星球，这个令人惊叹的蓝绿色星球始终围绕着银河系中一颗非常典型的恒星旋转。我们要把它交给我们的孙辈，使之在接下来的几十年里走上正轨。这一切终究会属于新物种"数码人"。

这本书为谁而写？

这本书是为所有关心人工智能会将我们带到哪里的人所写的。许多问题急需考虑。人工智能会摧毁人们的工作吗？甚至是摧毁那些需要创造力的工作。人工智能会变得有意识吗？人工智能对于自由意志的概念意味着什么？人工智能会（或应该）具有哪些伦理价值？人工智能会维护还是危害社会？它会改变我们对自己的看法吗？它会改变我们人类的本质吗？

这些问题的答案都可以在这本书中找到。我会讨论数字云的转向对社会和道德的影响。在某种程度上，我将研究我们今天看到的趋势，并以此进行推断。但是现在并不能把未来固定下来，我们现在和不久的将来做出的选择将决定更为遥远的未来。因此，我将描绘出光明但可能不理想的未来。因而，要获得更好的结果，只能依靠大家的共同努力。

这本书着眼于2062年，正如我在下一章中所要讨论的，大多数的人工智能专家相信，到2062年，我们有50%的机会创造出和我们一样思维敏捷的机器。这个日期可能有些乐观，或许我们要等到2220年左右才能获得能达到人类水平的人工智能。大多数专家相信，到那个时候，我们有90%的可能性可以达到这个水平。不管何时，当机器超过我们自己的智慧时，"魔法"就真正开始了。

这本书是为有兴趣而非专业的读者所写的。有一些图表，但没有方程式。我不会描述人工智能是什么，也不会描述迄今为止已经取得的成就——这部分可以参考我之前的书《还活着！从逻辑钢琴到杀手机器人的人工智能 》（ *It's Alive!: Artificial Intelligence from the Logic Piano to Killer Robots* ）。在本书的尾注中，你会发现一些参考资料、附加解释和偶尔有趣的观察，但是你可以完全忽略这些并且仍然享受这本书[1]。但如果你确实想更深入地探索一个技术概念，这些注释将为你提供进一步的细节和文献。哲学家

---

[1]　是的，正如我在上一本书中所建议的，你真的可以完全跳过尾注！

尼克·博斯特罗姆（Nick Bostrom）在2015年曾预言过："从长远来看，人工智能将是一件大事，也许是人类所做过的最重要的事情。"[1]如果他是对的，我们就应该去探索这些推论。

［1］　Robert Gebelhoff, 'Q&A: Philosopher Nick Bostrom on Superintelligence, Human Enhancement and Existential Risk', *Washington Post*, 5 November 2015..

2069

02

我们的终结

我们需要拥有那些使人类与众不同的东西。我们的艺术、爱、笑声、正义感、公平竞争、勇气、韧性、乐观主义、勇敢、人文精神以及我们的团体精神。

我们花了几百年的时间来适应"机器可能比我们更好"这件事。但在过去，只有我们强健的体魄被超过了，我们能利用机器做更多的体力劳动了。而在过去的50年里，我们的大脑逐渐被超越——至少，如果我们专注于狭隘的智力任务的话。到2062年，这场比赛很可能会结束——数码人应该已经赢了。

　　40年前，第一个世界冠军被一台电脑打败了，这也许很令人惊讶。1979年7月15日，智能机器人BKG9.8以7∶1的绝对比分击败了当时的西洋双陆棋世界冠军路易吉·维拉（Luigi Villa）。BKG9.8是计算机科学家汉斯·波林纳（Hans Berliner）教授研发的。尤为残酷的是，人生的胜负只在一夕之间，维拉在输给机器人的前一天才刚刚获得了世界冠军。更近一些时候，1997年，国际象棋世界冠军加里·卡斯帕罗夫以微弱的劣势败给IBM的深蓝电脑。在描述其失败时，卡斯帕罗夫描述了人类所面临的未来：

　　"我玩过很多电脑，但从未经历过这样的事情。我能感觉到——我能嗅到——桌子对面的一种新智慧。我尽我所能地走完剩下的棋子，我输了；而它，玩得漂亮，完美无缺地走完剩余的棋子，轻松地赢了。"[1]

就像维拉的失利一样，卡斯帕罗夫输给深蓝也引发了很残酷的效应。卡斯帕罗夫被许多人认为是有史以来最伟大的棋手之一。1985年，当他第一次成为国际象棋世界冠军时，他是达到这项运动顶峰时最年轻的棋手。20年后，当卡斯帕罗夫从职业国际象棋退役时，他仍然是世界排名第一的棋手，至今，他仍然保持着排名最高的非电脑玩家纪录。但对卡斯帕罗夫来说，不幸的是，他能被一些人记住却是因为他是第一个被电脑打败的国际象棋世界冠军。

自1997年以来，国际象棋计算机有了长足进步，无论是卡斯帕罗夫，还是现在的世界冠军马格努斯·卡尔森（Magnus Carlsen），面对今天最好的程序都无一击之力。事实上，卡斯帕罗夫甚至面对手机上运行的Pocket Fritz 4时，原有的优势也难以为继。Pocket Fritz 4的ELO评级为2898，高于卡斯帕罗夫巅峰时的评级2851。[2]

当一个程序被赋予比移动电话更多的计算资源时，我们就很

---

[1]　Garry Kasparov, 'The Day That I Sensed a New Kind of Intelligence', *Time*, 25 March 1996.

[2]　ELO 等级描述了两个玩家在游戏（如国际象棋）中彼此的相对技能水平。这个系统是以其创造者阿帕德·埃洛（Arpad ELO）命名的。他是一位匈牙利裔美国物理教授。玩家的 ELO 等级会根据对手的 ELO 等级进行更新，无论输赢。要完全相信电脑国际象棋程序的 ELO 等级是有点困难的，因为它们在比赛条件下玩的游戏太少了。然而，最好的人类和最好的计算机程序之间的差距现在是如此之大，以至于人类几乎没有希望与之一战。

难打败它了。国际象棋游戏Deep Fritz在标准计算机上运行的ELO评级达到了惊人的3150。卡斯帕罗夫和Deep Fritz之间300分的差距意味着这个俄罗斯人与之对战，其赢得任何比赛的机会都不到五分之一，几乎不可能赢得锦标赛。对于像我这样ELO评级低得多的人几乎不可能赢下对阵Deep Fritz的任何一场比赛。

但是人类国际象棋并没有受制于机器的统治，电脑国际象棋反而在几个方面改进了人类游戏。国际象棋计算机现在为人类业余爱好者提供专业的指导意见，它开辟了我们人类可能从未考虑过的新的游戏途径。我们的机器霸主实际上改进了人类游戏。

所有系统都是围棋

2016年3月，深度思考（DeepMind）的阿尔法围棋项目上击败了地球上最好的围棋选手之一李世石，人工智能史上又树立了一块新的里程碑。围棋是一种古老而复杂的中国棋类游戏，在十九乘十九的棋盘上放置黑白棋子，占领大部分区域者获胜。

由于各种原因，围棋比国际象棋更具挑战性。在国际象棋中，每回合也许有20个可能的操作，而在围棋中，大约可以有200种不同的可能操作。[1]在国际象棋中，通常不太难以确定谁赢

---

[1]　围棋的第一步，白棋手可以下到361个位置中的任何一个（19×19）；在第二步，黑棋手可以下到剩下的360个位置中的任何一个；在第三步，白棋手可以下到剩下的359个位置中的任何一个；以此类推。

了：棋盘上的每一块都可以得分，而得分较高的玩家可能领先。在围棋中，所有部分都是相同的，决定谁获胜需要更加细微地考虑每个玩家所控制的领域。人类需要多年的投入才能擅长围棋。

2017年5月，深度思考令人信服地证明了阿尔法围棋2016年战胜李世石并非侥幸。在这一价值180万美元的比赛中，改进的阿尔法围棋击败了中国围棋神童柯洁，后者当时在世界排名第一。[1]

虽然这两场胜利是人工智能的标志性时刻，但它们的重要性在某些方面被夸大了。阿尔法围棋是经过专门的围棋训练的，而要想使程序适应扑克等更复杂的游戏需要花费很多精力。[2] 在Alpha Zero（阿尔法围棋的最新版本，它被设计成只根据棋盘游戏的规则工作）中适用于包含了偶然性的游戏。当然Alpha Zero对于

---

[1]　本书中除特别标明之外，所有货币金额以美元为单位。

[2]　2017年10月，深度思考推出了AlphaGo Zero，这比先前的版本阿尔法围棋有所改进。因为AlphaGo Zero没有经过人类专家参与训练，也没有学习人类对弈的棋局数据，它只是被赋予了围棋的规则。因此，它并不是建立在人类几千年关于围棋的知识基础上的，而是自学有关围棋的一切。在玩了三天后，Zero的表现达到了超越人类智能的水平。与我的许多人工智能研究者同事一样，我对此印象深刻。计算机可以在短短三天内超过数千年的人类下棋时间的积累！2017年12月，当公司发布通用版本的Alpha Zero时，我更受震撼。Alpha Zero也是从规则出发，自主学习下国际象棋、日本将棋，并可以超越人类的水平。然而，我们还不清楚（实际上，在我看来这是不可能的）这些程序是否可以学会如何参与另一种差异性很大的游戏。国际象棋、围棋和日本将棋都是两人对弈的棋盘游戏。但像是扑克，不仅可以引入更多玩家，也有很多新特征，包括不确定性、人类心理等。要在扑克中获胜，你必须处理不完整的牌面信息，而在围棋中，所有有关下棋状态的信息，两个玩家都是可知的。在扑克中，你还必须对付对手的心理把戏，比如虚张声势。阿尔法围棋与Alpha Zero的体系结构都不是为处理这些特性而设计的。为了显示其领域独立性的特质，深度思考需要证明同一个程序可以在各种不同的游戏中获胜，如国际象棋、扑克和星际争霸等。即便Alpha Zero能够做到这些，其算法仍然只局限于游戏。

驾驶自动汽车、写小说或翻译法律文件等则毫无用处。

　　另一个误解是，阿尔法围棋的结果出乎意料，这意味着人工智能中的某种"指数级"改进。事实并非如此。这的确是一个里程碑式的成果，它丰富了人们的想象力，深度思考得到的祝贺也理所应当。不过，虽然阿尔法围棋以一种新的方式将组件黏合在一起，但是这些组件本质上并没有什么根本的新东西。[1]

　　阿尔法围棋之前最成功的计算机程序是雷米·库伦（Remi Coulom）编写的CrazyStone。库伦在2014年的一次采访中预测，要打败一名职业选手需要10年时间。事实上，阿尔法围棋仅仅用了一年多一点的时间就打败了三次欧洲围棋冠军樊麾，再一年就打败了李世石。

　　然而，深度思考在这个问题上投入了比以前投入更多的精力。Go程序以前是由个人编写的；深度思考有超过50人在阿尔法围棋上工作，达到预期的时间比原本预计的少了十分之一，但对此投入的人力劳动却是十倍以上。

　　深度思考还能够访问谷歌庞大的服务器群，这使得阿尔法围棋能够玩上数十亿次与自己对战的游戏，就算你一辈子除了下围棋不做任何事，你仍然无法下这么多次棋。所以阿尔法围棋实

---

[1]　阿尔法围棋不是第一个学会在人类层面玩游戏的人工神经网络。TD Gammon是1992年在IBM的托马斯·约翰·沃特森（Thomas J.Watson）研究中心开发的计算机双陆棋程序。TD Gammon的水平略低于当时人类顶级双陆棋玩家的水平，它探索了人类没有尝试过的策略，并使我们对双陆棋的理解获得了进展。就像AlphaGo Zero一样，它从游戏规则开始，自主地学会了如何下好棋。

际上学习得很慢。与此类程序相比，人类却可以从单一事例中学习。我们仍然在努力构建能从如此少的数据中学习的人工智能程序。所以，虽然阿尔法围棋的胜利对人工智能来说是一个象征性时刻，但这也许不是谷歌公关部门尽力让你相信的"跨越式"变化。[1]

游戏之外

游戏对人工智能来说只是简单的挑战。游戏通常有明确的规则和明显的赢家，而国际象棋和围棋等游戏通常被认为需要玩家具有一定的智力水平。因此，它们已经成为人工智能研究的天然试验田，这也就不足为奇了。

但不仅仅是在像这样的游戏中，机器比人类做得更好。在许多更实际的领域，我们看到计算机也开始超越人类了。在医学中，计算机在某些方面比医生好，比如看心电图。由百度人工智能研究的前负责人吴恩达（Andrew Ng）领导的斯坦福大学团队建立了一个机器学习模型，能比心电图专家更好地识别出心电图中

---

[1]　阿尔法围棋的胜利带给谷歌的知名度让谷歌在宝贵的中国市场取得了成功，为深度思考开发阿尔法围棋所花费的数百万美元买单。不过，这可能会适得其反，因为谷歌似乎已经起到了激励中国人自主开发人工智能的作用。如果百度或腾讯等中国巨头在谷歌面前赢得了人工智能竞赛，拉里·佩奇（Larry Page）和谢尔盖·布林（Sergey Brin）可能会后悔他们叫醒了中国巨人。

的心律失常。

癌症是另一个例子。谷歌团队设法使用机器学习技术，能比人类医生更准确地从病理报告中检测出乳腺癌。它比人类更快，也更便宜。还有，早在20世纪80年代，专家系统PUFF就在加州的一家医院与人类医生一起诊断肺部疾病。人工智能已经能够给我们提供更好、更快和更便宜的医疗保健了。

在商业领域中，计算机的表现在许多方面也优于人类。以股市为例，贝莱德是全球最大的基金管理公司，负责管理超过5万亿美元的资金，其麾下许多活跃的基金现在都通过算法来运行。由于能够分析的数据量非常大，计算机比基金经理更具优势。计算机可以完成人类无法完成的任务，例如监控商店停车场的卫星数据、互联网搜索以预测销售量及经济增长等。

保险是计算机从人类手中接管过来的又一领域。在日本，富国生命保险相互会社（Fukoku Mutual Life Insurance）现在使用IBM的人工智能产品Watson处理其支出。当它开始使用Watson时，它解雇了原本负责此项任务的34名员工，该公司现在预计每年可节省超过100万美元。

在法律领域中，许多初创公司，包括Luminance，可以自动处理大型的和非结构化的数据集，以帮助律师对合同进行尽职尽责的调查。该软件可以在以前花费的一半时间内发现异常，它还减少了完成此类任务所需的专门知识。

人工智能的这种应用已经改变了许多工作领域，我们很难想到有哪个经济领域在2062年之前不会受到任何影响了。

通用人工智能

到目前为止我们讨论的所有人工智能系统都只能解决一个小问题，下围棋、阅读乳房X光片、挑选股票，而通用人工智能（AGI）的目标是构建可以做任何事情的程序，即使不比人类做得更好，也要和人类做得一样好。目前，我们离通用人工智能还有相当一段距离，且与你今天在一些媒体上看到的炒作相反，我们今日的处境与通用人工智能之间确实存在一些实质性的障碍。

第一，人类学东西很快。我们必须如此，它早已融入我们的DNA。当你被老虎追赶时，你没有时间从许多错误中学习。然而，人工智能系统仍然是相当慢的学习者。最近在诸如围棋、普通话转录和图像识别等领域的深层学习上所取得的成功得益于大量数据的支撑。

在很多情况下我们没有很多数据——实际上，有很多情况我们永远不会有很多数据。例如，我的机器人在学习走路时如果摔了太多次就会摔坏。同样地，我们无法得到关于罕见病情的很多数据，或者预测股市崩盘。为了解决这些真空，我们需要建立像人类一样可以快速学习的人工智能系统。

第二，人类善于解释他们的决定。这是我们决策的另一个重要部分。如果医生不能解释为何一定需要动手术，我可能不会接受。核电站反应堆也需要解释为何要关闭。相比之下，今天的人工智能系统仍然倾向于"黑箱"操作。[1]它们给出答案，却不能解释是如何得到这些答案的。深度学习算法可以告诉你，这是一张猫的照片，但它不能告诉你为什么这是一只猫。它是一只猫，因为它有毛皮、四条腿和可爱的小爪子，但它不能告诉你为什么这不是狗。我们仍然需要构建能够解释其决定的人工智能系统。

第三，人类对我们的世界有很深的理解。当我们出生时，我们对世界及其运作方式几乎一无所知。一个苹果在重力的作用下掉到地上。雨是从天上掉下来的蒸发的水。地球绕着太阳转，月亮绕着地球转。事实上，月球落下的重力与苹果落地的重力相同。我们学到了这些东西，还有很多很多。当把所有这些信息汇集在一起，并把它们综合起来时，我们就能深入理解宇宙是如何运作的。

但是，今天的人工智能系统没有这样的理解。当你让一台机器翻译"那个男人怀孕了"时，它并不理解为什么这句话很奇怪。当你给它看某人掉落苹果的图片时，它并不知道苹果会掉到地上，还会以9.8米/秒的速度加速。我们仍然需要开发出像我们一样全面了解世界的人工智能系统。比如说，有常识的系统。

第四，人类适应能力很强。使用降落伞落到一个新环境中，我们人类就会开始适应环境、应对世界。当"阿波罗13号"上的

---

[1]　在航空业，有个黑匣子（顺便说一下，它从来不是黑色的，通常是红色或橙色）记录了许多有关飞机的内部统计数据。在人工智能中，黑匣子多被称为"黑箱"，是个只能看到输入和输出的系统。你不了解内部状态以及如何将这些输入转换为输出。与"黑箱"相对的是"白箱"，因我们可以看到其内部作业。

氧气罐爆炸时，世界屏息了整整三天，而宇航员和飞行控制器则适应了看似不可能的情况，安全地回到了地球。这种适应性帮助我们成为地球之上及地球之外的优势物种。

另一方面，人工智能系统非常脆弱。即使用很小的方式改变问题，它们也会崩溃，而且并不优雅。事实上，人工智能的一个次领域就是致力于寻找破坏人工智能系统的方法。对图像来说，阻止算法识别停车标识的最小改变是什么，算法不正确"识别"的最不同的图像是什么，我们还远远没有建立起像人类一样可以平缓应对变动的人工智能系统。

我们还有多久？

在许多强调精密度的领域中，机器已经超越了人类的性能。但是在构建通用人工智能之前，我们还有很长的路要走。我们什么时候才能实现目标呢？计算机要多久才会远比我们聪明呢？这会是我们的问题，还是我们的孩子或孙子的问题？考虑到人类智力进化需要几百万年的时间，这是不是还要更久呢？可能需要几个世纪，甚至几千年，或者它可能永远都不会发生？

2017年，在阿西洛玛（Asilomar）召开的关于人工智能未来的会议上，安德鲁·麦卡菲（Andrew McAfee）说："任何人对人工智能的未来做出的自信预测，要么是在和你开玩笑，要么是和他们自己开玩笑。"我准备忽视这个明智的建议，试着做一些自信的预测。实际上，我不会做出预测，我会仔细听一群人工智能专家来做这些预测。让我们一起期待其中会有一些智慧之光吧。

2017年1月，我和300多位同事进行了交流，他们都是从事人工智能工作的研究者，请他们给出自己对克服通用人工智能障碍所需时间的估计。为了能使结论客观，我还向近500名非专家征求了意见。

这些非专家人员是我写的一篇关于人工智能扑克程序Libratus新闻的读者。这个程序刚刚击败了一些顶尖的人类玩家。我在文章的结尾请读者完成一项关于人与机器的小调查。我估计的是，专家和非专家的预测可能有些不匹配。事实证明我是对的。

鉴于在机器上建立人工智能需要多长时间存在很多不确定性，调查要求专家和非专家进行三个预测。什么时候会有10%的可能性计算机能像普通人一样完成大多数人类的工作呢？什么时候会有50%的可能性？90%的可能性？这重复了2012年尼克·博斯特罗姆的"超级智能"（Superintelligence）中的一项研究所提出的问题。

随着近年来人工智能的进步吸引了很多公众的注意力，我很想知道被提名的日期是否比2012年的结果更接近了。博斯特罗姆的调查是他认为人工智能对人类构成相对紧迫的生存威胁的主要证据之一，如果预计中通用人工智能会更快出现，我们可能需要更加认真地对待他给的警告。

但事实并非如此。在我的调查中，专家们比非专家们对于建立人工智能所面临的挑战更加审慎。对于计算机像人类那样完成工作的概率为90%的日期，专家们预测的中位数为2112年，而非专家的预测仅为2060年。[1]

好莱坞以及当前围绕人工智能热火朝天的炒作或许可以解释这50年的差异。我经常开玩笑说："为了深化公众的认知并消除人们的恐惧，人工智能能做的最好的事情就是在洛杉矶设立专门写剧本的办公室。"

至于50%的概率，专家预测的中位数是2062年，这也是本书的书名来源，就平均数而言，我在人工智能领域的同事们认为人类能制造出与人类能力相仿的机器便是2062年，而非专业研究者则预测是2039年，比前者要早20多年。非专业者比谷歌的未来学家及工程总监雷·库兹韦尔（Ray Kurzweil）还要乐观一些，库兹韦尔预测计算机将在2045年左右超过人类。

最后，对于计算机达到人类能力的可能性为10%的时间，专家预测的中位数是2034年，而非专家预测是2026年。

为什么专家不比非专家更乐观呢？围绕人工智能的感知问题之一是人们看到系统玩复杂的游戏，如国际象棋和围棋，并且推断这些游戏需要很多智能，因此赋予这些系统人类所有其他的智能能力。对人类国际象棋和围棋玩家来说，这是个合理假设。一个好的围棋选手很可能是个聪明的人，但计算机不是这样的。一个好的围棋程序甚至不一定能下国际象棋，而且在下围棋与完成

---

[1]　这里的中位数预测是指被调查群体中50%的人估计电脑能与人类匹敌的一年。而平均数预测则是指未来无限长的时间中，有小部分专家与非专家都认为计算机永远不会超越人类。

其他需要人类那样智力的任务之间还有很长的距离。

　　我和人工智能领域的大多数同事的观点是：至少需要半个世纪的时间才能出现与人类旗鼓相当的计算机。鉴于需要各种各样的突破，且我们很难预测何时会出现这些突破，具体时间甚至可能需要一个世纪乃至更长。如果是这样的话，你今晚就不需要因过度激动而失眠了。

技术奇点

　　相信机器会很快达到甚至超过人类水平的一个原因是技术奇点这个充满诱惑力却非常危险的想法。这个想法可以追溯至五十多年前的许多人：计算机之父之一的约翰·冯·诺伊曼（John von Neumann），数学家布莱希利·帕克（Bletchley Park），密码学家古德（I.J. Good）。最近又因科幻小说作家弗诺·文奇（Vernor Vinge）及未来主义者雷·库兹韦尔而备受关注。

　　当开发出一台如此智能的机器，以至于它能递归地重新自我设计并变得更加智能时，我们就到达了那个预期点，即人类历史的奇点。这样一来，到达奇点后，这台新机器就能够重新设计自己，使其自身更加智能化，这将是一个转折点。此后，机器智能将突然开始以指数级增长，成数量级地迅速超过人工智能。

　　一旦我们达到技术奇点，我们就不再是地球上最聪明的物种了。这肯定会是一个历史上有趣的时刻。有人担心这种情况会发生得非常之快，以至于我们没有时间监视和控制这种超级智慧的发展，而这种超级智慧可能有意或无意地导致人类的末日。

技术奇点的拥护者——他们通常不是人工智能研究人员，而是未来学家或哲学家——表现得好像奇点是不可避免的。对他们来说，这在逻辑上是确定的，唯一的疑问就是奇点何时到来。然而，像许多其他人工智能研究人员一样，我对这种不可避免性抱有相当大的怀疑。

经过半个多世纪的工作，我们了解到建立具有适度智能的计算机系统是多么困难，且我们从来没有构建过一个能够递归地自我改进的计算机系统。其实，即使在我们所知道的地球上最聪明的系统——人脑，其认知能力上也只取得了很小的进步。举个例子，对大多数人来说，学习第二语言仍然像从前一样缓慢。我们对人脑的了解很少，以至于我们认知的"进化"显得容易。自1930年以来，在世界许多地方的智力测验分数有了显著增加，这被称为弗林效应，以新西兰研究员詹姆斯·弗林（James Flynn）而得名，他做了很多工作来确认这种现象。然而，对此种现象的解释往往归结于营养的改善、医疗保健及入学机会，而不是儿童受教育的方式。[1]

技术奇点可能永远不会出现，这是由多种技术所导致的，我在上一本书中讨论了很多。然而，"奇点不可避免"的观点似

---

[1] 事实上，在丹麦和美国军队的智商测试中，有证据表明，最近人类平均智商数已开始下降。

乎并没有因此被冷落。鉴于这个话题的重要性，奇点可能决定人
类的命运，我将借鉴辩论的最新发展，再次更详细地讨论这些论
点，我还将介绍一些反对技术奇点必然性的新论点。

思维更敏捷的狗

我第一个反对奇点必然性的观点被称为"思维更敏捷的狗"
之争，讨论的是能够更快速思考的结果。虽然计算机速度可能已
经趋于平稳，但计算机处理数据的速度仍会越来越快。它们越来
越多利用并行性，同时完成多个任务，从而加快速度，这就有点
像大脑。

人们预想通过对问题进行更长时间、更为认真的思考，机器
最终会变得比我们更聪明。我们当然也得益于不断增长的计算机
功率，口袋里的智能手机就是一个很好的证明。但是仅靠速度加
快可能无法达到奇点。

假设我们可以提高狗的大脑运行速度，思维更敏捷的狗却依
然不能和你说话、下棋或写十四行诗。或者说，思维更敏捷的狗
没有复杂的语言，即使思维再敏捷，很可能还是一只狗，它的梦
想依然是追逐松鼠与树枝。它可能更快地想到这些，但是很可能
没法继续深入思考了。类似的，仅靠运算速度提高的计算机仍然
无法产生更高的智能。

智力是许多东西的产物。训练直觉更需要我们多年的经验。

在学习的日子里，我们也提升了抽象能力：从旧情形中总结出思想，并将其应用到新的、新奇的情形中去。我们所增加的常识有助于我们适应新环境。因此，我们的智力远不止是更快地思考问题。

转折点

我反对技术奇点必然性的第二个观点是"人类中心说"。奇点的支持者特别重视人类的智力。他们认为，超越人类的智力是一个转折点，而后，计算机将能够递归地重新设计和改进自我。但是为什么人类智力会是需要超过的某个特殊点呢？

人类的智力不能用单一的线性尺度来衡量。即便有可能，人类的智能也不会是单一的点，而是一系列不同的智能。在一屋子的人里，有些人天生就是比其他人聪明。那么，哪一种人类智力的标准是计算机应该超越的呢？是以房间中最聪明的人为标准吗？是以当今世界上最聪明的人为标准吗？是以世界上曾有过的最聪明的人为标准吗？还是以未来最聪明的人为标准呢？听起来，超越所谓"人类智力"的想法已经有些不切实际了。

但是让我们先暂时搁置这些反对意见。无论人类的智能是什么，为什么它都是一个需要超过的转折点呢？而超过该点之后，机器智能将不可避免地会如滚雪球般地疯长吗？这个假设似乎是说，如果我们足够聪明来构建一个比我们更聪明的机器，那么这个更聪明的机器也必须足够聪明来构建一个更聪明的机器等。但是，并没有一个合乎逻辑的理由证明就应该如此。我们可能会制造出比我们自己更智能的机器，但是这种更智能的机器不一定能够自我改进。

转折点可能会是某个智力水平上的一个点，但可能存在于任何一个智力水平上的这个点似乎不大可能低于人类的智力。如果它低于人类的智能，我们人类现在就可以模拟这样的机器，利用这种模拟来构建更智能的机器，进而已经开始了递归的自我改进过程。

因此，似乎任何转折点都处于人类智力水平之上。的确，它可能远高于人类的智力，但是，假使我们需要制造比我们自己智能得多的机器，很可能我们还没有足够的智力制造这样的机器。

智力之外

我反对技术奇点必然性的第三个观点涉及"元智能"。正如我以前说过的，智力包括许多不同的能力，它包括感知世界和对所感知的世界进行推理的能力，也包括如创造力在内的许多其他能力。

关于奇点必然性的争论混淆了两种不同的能力，它把完成任务的能力和提高完成任务的能力合并了。我们可以建造智能机器来提高它们完成特定任务的能力，使之比人类更好地完成这些任务。例如，百度已经建立了Deep Speech 2，这是一种机器学习算法，它可以比人类更好地完成对普通话的语音识别。但是Deep Speech 2并没有提高我们学习任务的能力，Deep Speech 2要花和以前一样长的时间来学习普通话。它超人的语言识别能力并没有反馈到基本的深度学习算法本身，并使之有所改进，而人类学习新任务时会变成更好的学习者，Deep Speech 2则不然，它不会因学习而加快学习速度。

对深层学习算法的改进很老套：必须经过人类对此进行的长期而艰苦的思索。我们还没有制造出任何可以自我改进的机器，我们也不确定能否制造出来。

收益递减

我反对技术奇点必然性的第四个观点是收益递减的诅咒。即使机器能够递归地改进自己，我们也可能无法获得丰厚的回报。我们已经看到许多人类致力的其他领域出现了收益递减效应。例如，我们一再提高汽车的燃油效率，但随着汽车（的燃油效率）越来越高，现在可进行的改进也越来越小。

举例来说，假设我们从具有普通人类智能的机器开始，我们定义其智商为100。智力提高变得越来越难，假定每一代智能机器的智商都比上一代增加了50%。诚然，智商是一种不完美的智力衡量标准，但还请姑妄听之。第二代这样的机器，智商为150——

相当令人印象深刻的数字，但这种机器可能还是不如你聪明。第三代机器智商为175，第四代为187.5，依此类推。无论将来要历经多少代，到了某一点，这些递归改进机器的智商都会超过200。

即使我们增加赌注，我们仍然可能遇到类似的限制。假设每代人智商的增幅不是上一代的50%，而是90%。那么，第二代人的智商是190，而第三代人的智商则是271，这就已经达到了人类有记录以来的智商极限。第四代人会带我们超越人类智商，达到343.9。但是，无论我们展望未来多少代，这些更令人印象深刻的改进机器的智商却永远不会超过1000。可以肯定的是，他们会非常、非常聪明，但这种增长仍然是可以控制的。

智力的局限

我反对技术奇点必然性的第五个观点是智力的局限。即使机器能够递归地改进自己，我们也可能遇到基本局限。许多其他领域都有所局限，为什么智力会有所不同呢？

科学是有局限的。在物理学中，你再加速也不会超过光速。在化学中，化学反应的速度是有限的。在生物学中，要使人类的寿命远超120岁也存在一些根本性的局限，还有在2小时内跑完马拉松等。也许，人工智能是不是也会遇到一些基本的局限呢？

如果你走进赌场开始玩轮盘，不管你有多聪明，你都不会赢过庄家。轮盘的转轮实际上取决于你，你不可能比离开赌场的人更聪明，而计算机能比人类更好地计算概率。因此，它们表现得比人类理性得多。但是，把概率计算到更精确的数字可能并不能帮助你战胜本性，最好的决策可能是由简单的，甚至不那么精确的计算也能得出的决策。

计算复杂度

我反对技术奇点必然性的第六个观点来自计算复杂性，这个成熟的数学理论所描述的是解决不同计算问题的困难程度，除非我们改用今天还未掌握计算形式的机器，否则即使是指数级的改进，也无法突破计算机能力的基本限制。

摩尔定律——大约每2年见证一次计算能力的翻番——可能已经诱使许多人认为技术进步将解决大多数计算上的挑战。[1]我们生活在指数时代，计算能力的指数级提高似乎保证我们只需要等

---

[1]　摩尔定律是以戈登·摩尔（Gordon Moore）的名字命名的，戈登·摩尔是仙童半导体公司和英特尔公司的共同创始人。1965 年，他认为半导体集成电路上的元件数量每年会翻一番。1975 年，他把这个数字修正为每 2 年翻一番。摩尔定律已经维持了50 多年，但不太为人所知的是，它已有数年彻底失效了。就像现实世界中的每一个指数型趋势一样，有些东西必将耗尽。在这种情况下，我们开始进入量子极限。"国际半导体技术蓝图"是一个行业性组织，顾名思义，它制定了实现摩尔定律的蓝图。2014 年，国际半导体技术蓝图宣布，该行业的目标将不再是让集成电路上的元件每 2 年翻一番。如果这不再是世界上主要芯片公司计划的一部分，那么我们可以肯定，它将不会发生了。没有人会花费数亿美元建造下一代芯片制造厂，以进一步缩小晶体管。有趣的是，英特尔现在的目标是降低功耗，这样我们就可以在移动设备上拥有更多的计算能力。

待机器的更新换代即可。诚然，10年后的计算机将比现在的计算机强大一千多倍。20年后，会是一百多万倍。30年后，将超过十亿倍。将来在某个确定时刻，我们会有足够的计算能力去做任何我们想做的事情吗？不幸的是，这离事实真相还很远。

计算机科学家已经发展出丰富的计算复杂度理论，以求用精确而抽象的方式描述解决不同问题时所需要的计算量。计算复杂度理论可以概括我们正在使用的精确计算机的计算量。无论PC、Mac、智能手机还是智能手表，都适用，而不同的设备可能会改变其运行时间，即解决问题所需的时长。但时长改变只是其中的一个常量，我们所关心的是运行时所发生的变化，这些变化比某一常量要复杂得多。我们正在寻找的可能是某种指数级的增长，正如我们将看到的，甚至是远远超过指数级的增长。

假设要计算出列表中的最大数字，这便是一个线性时间问题。你必须扫描整个列表，输入量的大小也就是数字列表的长度呈正相关。若将列表的长度加倍，则查找最大数字需两倍时间；若将列表的大小增加三倍，则需要三倍时间才能找到最大数字。

现在考虑我们如何将列表数字从小到大排序，有一种简单的方法是先找到最小的数字。正如我们刚才所分析的，需要的时间与列表的长度成正比。接着寻找第二小的数字，依此类推。总而言之，要给列表排序，列表增加后所需时间则是列表增加长度的平方。若将列表的长度加倍，则需四倍的时间；若将列表的长度增加三倍，则需九倍的时间；若将列表的长度增加四倍，则需十六倍的时间。这听起来不太友好，但计算时间的增加实际上会比这要糟糕得多。

也有一些计算问题，其运行时间与输入量大小呈指数级增长。譬如，考虑一对离婚夫妇需面临的问题：他们把财产分成两个子集，每个子集需要价值相等，也就是等值子集的划分问题。求等值子集划分的一个简单方法是计算每个可能组成项的子集之和。如果任何这样的子集价值等于总值的一半，则已发现划分成具有相同值的两个子集。当输入量（列表）增加一个项目时，要考虑的子集数量就会加倍，且（在最坏的情况下）算法的运行时间也会加倍。

好消息是，计算能力的指数级提高将帮助我们解决这些问题。计算能力每增加一倍，就能多解决其中一项问题。无论要处理的输入量大小如何，最终问题都能得到解决。如果要处理比现在能处理的列表还要多十项，则只需等待十代更新后的机器出现。

但是也存在运行时增长速度比这更快的计算问题。计算能力的指数级提高将不足以解决更大的问题。比如考虑计算曼德勃罗集面积的问题。曼德勃罗集是个美丽的分形图形，包含着惊人的类似海马尾巴的螺旋，它被称为数学中最复杂的图形。

我们知道曼德勃罗集有一个有限区域，它位于半径为2的圆内，所以它的面积肯定小于4π（ =12.566……），但是，据我们所知，计算精确的面积在计算层面是非常有挑战性的，最好的方法是收敛得很慢。你必须求出10^{118}项的总数才能使面积精确到小数点后两位以内，和10^{1181}项的总数才能得到小数点后三位。10^{118}远远超过宇宙中原子的数量。指数级的改进可能不足以帮助解决这个具有挑战性的计算问题。

反馈环

我反对技术奇点必然性的第七个观点来自这样一个事实，即可能会遇到某些反馈的出现，从而阻止奇点的产生。这些反馈环可能是经济上的或环境上的。

马丁·福特（Martin Ford）根据经济反馈提出了该论点。[1] 在奇点出现前，计算机的能力足以使经济中的大多数工作自动化，但这将导致人口大范围失业现象出现。如果不对资本主义进行彻底改革，这种失业将导致消费需求崩溃，反过来又会破坏经济，阻止对研发奇点的投资。

反馈也可能是环境方面的。贾雷德·戴蒙德（Jared Diamond）认为，社会如果没有崩溃，往往会自我限制。[2] 因为人类的成功很快会导致环境超出其承载能力，即使获得成功后不久，社会也会崩溃。就人工智能而言，它所带来的财富与繁荣的增长可能会扩展我们的环境支持人类社会发展的能力。结果技术奇点可能无法实现，原因很简单，因为社会在过度消费下崩溃了。

---

［1］　参考 Martin Ford (2009), *The Lights in the Tunnel: Automation, Accelerating Technology and the Economy of the Future*, USA, Acculant Publishing.

［2］　参考 Jared Diamond (2005), *Collapse: How Societies Choose to Fail or Succeed*, New York, Viking Press.

智能刹车

我第八个反对技术奇点必然性的观点来自微软的联合创始人保罗·艾伦（Paul Allen），这就是他所说的"复杂性刹车"。我们在理解人工智能方面取得的进展越多，就越难取得额外的进展。我们需要越来越专业的知识，我们不得不发展越来越复杂的科学理论。如此一来，"复杂性刹车"会减慢其发展进度，防止机器智能失控。艾伦写道：

> 人类认知的惊人复杂性应该给那些声称奇点触手可及的人敲响警钟。没有对认知科学的深入理解，我们就无法创造出能够激发奇点的软件。比起库兹韦尔所预测的不断加速的进步，我们更应该相信，这种进步从根本上说是会因复杂性刹车而减缓的。[1]

艾伦观察到，仅仅通过开发更快的计算机硬件，我们无法获得机器智能，我们还需要对软件进行重大改进，而这些改进很可能要求我们在人类认知的理解上获得突破，这就是复杂性刹车的依据。人类的认知能力看起来很难破解。

---

[1] Paul Allen, 'The Singularity Isn't Near', *MIT Technology Review*, 12 October 2001.

慎用推断

我反对技术奇点必然性的第九个观点是：我们应该非常警惕那些从图表——尤其是凡有对数轴的图表中推断出一切的人。《经济学人》（*The Economist*）用一个有趣的例子证明了这一点：简陋的一次性剃须刀。[1]你可能没有注意到，但是剃须刀片的数量也是呈指数增长的。让我用一个简单图表来证明下：

剃须刀片数量的摩尔定律

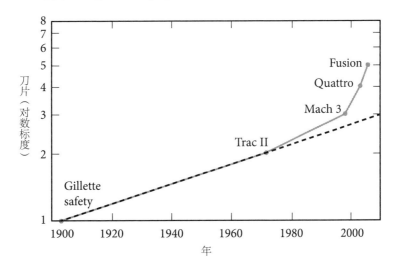

证明指数增长的可靠方法是用对数垂直标度：1、2、4、8……在这样的压缩尺度上，指数增长变成一条简单的直线。

---

[1]　'The Cutting Edge: A Moore's Law for Razor Blades?', *The Economist*, 16 Mar 2006.

图中的虚线表示一次性剃须刀刀片数量的指数增长。图表显示了刀片数每68年翻一番。实际上，我们可以看到刀片的数量增长比指数增长快得多。1903年，刀片数为1的话，68年后的1971年，刀片数为2。而仅在32年后的2003年，刀片数又增加了一倍，达到4。假如从前100年的剃须刀技术来推断，你可能期望现在只有双刃剃须刀，而不是我们实际拥有的五刃剃须刀。摩尔定律也适用于剃须刀，但不要期望很快就会达到"剃须奇点"。

你可能会抱怨我用很小的数字来欺骗你。从1903年的单刃吉列安全剃须刀发展到2006年的五刃吉列Fusion系列产品，我们会发现，指数增长并不难实现。让我再举个例子，看看当一些数字并不小时的情况。

不妨想下这个星球上优步（Uber）司机的数量。优步称他们为"司机合伙人"，但正如我们稍后所讨论的，"司机合伙人"不等同于业务合作伙伴。同样地，为了演示指数级增长，我将绘制一个具有对数标度且压缩了垂直轴的图表。垂直轴上的每个刻度都表示优步司机数量：5000；10,000；20,000；40,000；80,000；160,000，等等。

这里虚线也表示指数级增长。我们再次看到优步司机数量中的摩尔定律。自优步业务开始以来，每年优步司机数量大约翻了两番。2013年有8500名司机；到2014年，驾驶人数增加了四倍多，达到了45,000人。到2015年，驾车人数又增加了三倍，达到了

18万人。[1]但这并不意味着我们将会有某种优步奇点，以至在这个星球上每人都在为优步开车。根本来说，这种指数级的增长是不可持续的。在某个时刻，优步司机数量必须保持平稳，因为市场将要达到饱和了。

优步司机的摩尔定律

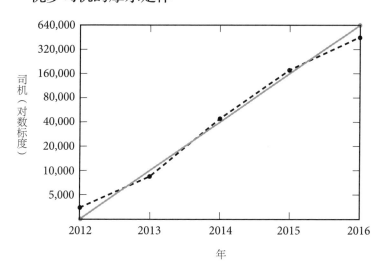

一个简单的"病毒"式模型可以解释为何一开始优步司机数量可能至少会每年翻两番。假设每6个月每位优步司机鼓励自己的一位朋友为优步开车，而公司为此可能会给他们奖金。这正是刺激这种指数增长所需要的。

假设优步在第一年开始时有10,000名司机。然后，这10,000名

[1]　Jonathan Hall, 'Taking Another Look at the Labor Market for Uber's Driver-Partners', *Medium*, 22 Nov 2016.

司机在前六个月里吸收了10,000名新司机，总共就有了20,000名司机。而这20,000名司机在接下来的6个月时间里又吸收了20,000名新司机。结果，到第二年初，优步一共有了40,000名司机。同样，在第三年初，优步将有160,000名司机；在第四年初，将有640,000名司机（这几乎就是实际出现的数字）。

像任何金字塔计划一样，这种指数增长最终必须停止。优步司机再也没有能够成为优步司机的朋友了，或者是对增加优步司机的需求已经消失了，又或者其他的竞争对手出租车公司开始提供比优步更有吸引力的工作条件……这些情况的出现不会太难。无论如何，出于多种原因，金字塔倒塌了。

看起来，我们可以测量到的统计数据在某些时候呈现指数规律：一次性剃须刀的刀片数量、优步司机的数量，甚至是高等教育的平均成本等，但这并不意味着它们会达到某种奇点。还会有许多物理学和经济学的规律阻止指数级增长模式继续下去。

从过去中学习

这引出了我反对技术奇点必然性的第十个也是最后一个观点。我们必须从过去历史学家的错误中吸取教训。事实上，我们必须从最早的一位奇点主义者在很久以前犯的错误中学习。

亨利·亚当斯（Henry Adams）是最早写出"技术奇点"之说的人之一。他是担任过美国第六任总统约翰·昆西·亚当斯（John

Quincy Adams）的孙子，也是担任过美国第二任总统、开国元勋之一的约翰·亚当斯（John Adams）的曾孙。1904年，亨利·亚当斯出版了一本自传性的《亨利·亚当斯的教育》（*The Education of Henry Adams*），以50年前，他年轻时的视角审视了20世纪的曙光。这本书获得了普利策奖，并被列入20世纪100本最重要的非虚构类书籍的名单。

书中第34章"加速度定律"中提出："加速度定律，它和任何力学定律一样，是确定的、连贯的，它不能释放其能量以适应人类的便利。"根据这一定律，亚当斯认为，科学及其他知识将迅速膨胀，以至1900年的人会无法想象2000年的社会。为了说明这一定律，亚当斯指出，从1840年到1900年的每十年，每吨煤释放的能量就翻一番。因此，他预测，"每个生活在2000年的美国人都知道如何控制无限的能量"。如果真这样就好了！

当然，亚当斯是错误的。2000年我们依然没能控制无限的能量。对1900年的人来说，2000年的生活并非不可想象的，事实上，他们成功地预言了不少未来生活的模样。例如，赫伯特·乔治·威尔斯（H.G.Wells）预言了诸如激光和核武器等新技术的发明。[1]我们今天所见的许多如工业化和全球化等诸多趋势，早在1900年就已清晰可见了。

---

[1]　威尔斯在《世界大战》（1897年）中预言了激光的使用，在《获得自由的世界》（1914年）中预言了核武器的使用。

超智能机器

我给出的技术奇点可能不会发生的十个理由，并不能证明它不会发生，"不会发生"不代表"不可能发生"，其发生仍然是有可能性的，但我希望我已经说服了你，这并非必然发生的。我和我的许多同事一样，试图制造一些略带智能的机器，但仍然怀疑我们能否很快制造出能递归地自我改进的机器。在这种情况下，技术奇点将继续是个有趣而虚构的想法。

虽然我仍然对技术奇点持怀疑态度，但这并不意味着我们无法使机器达到人工智能，甚至超过人工智能。我确实认为我们会达到这个目标，而且我毕生都在努力实现这个目标。我们的智力和生物学并无特别之处。由于这个原因，我相信总有一天我们会创造出能思考的机器。它们可能会以不同的方式来思考我们。[1]但它们可能变得和我们一样聪明。如果机器能达到人类的智能水平，很难想出它们最终不能超过我们的原因。它们已经在许多狭窄的领域中做到了这一点。此外，跟人类相比，机器具有许多天生的优势。

但我不认为仅仅靠坐下来看着机器自我改进，我们就能达到超级智能。我猜想，我们会像在生活中取得其他技术进步一样得到超级智能。我们经过艰苦的工作，以巧妙匠心发展科学，煞费

---

[1]　著名的荷兰计算机科学家艾兹格·迪科斯彻（Edsger Dijkstra，1930—2002）曾说过"机器是否能思考的问题，……与潜艇是否能游泳的问题同样重要"。（ACM South Central Regional Conference, Novembber 1984, Austin, Texas）。

苦心地设计机器,最终使之比我们更聪明。

阿尔法围棋学会了下围棋比任何人都下得好,但阿尔法围棋并没有改进它在学习过程中的学习方式。如果让阿尔法围棋在初学者的9乘9棋盘上而非通常的19乘19棋盘上下围棋,它必须重新开始学习,几乎是要从零开始。我们还不知道如何让它把在大棋盘上学到的东西转移到更简单的小棋盘上,而人类围棋玩家却可以立即在9乘9棋盘上下棋。

在机器达到人工智能水平前,人工智能还有很长的路要走,更遑论超级智能了。但我相信我们最终能到达那里——我们将发明比我们更优越的机器。它们会比我们更强大、更快、更聪明。我希望能够弄清楚这些机器如何扩充和扩展我们,而非取代我们。

现存问题

好莱坞让我们担心邪恶的机器人会试图接管世界。确实,根据电影所说,"终结者"将在2029年首次启动,因此,我们可能只剩十几年左右的时间了。斯蒂芬·霍金(Stephen Hawking)认为超级智能是我们最大的生存威胁,这是正确的吗?目前我们是地球上最聪明的物种,其他生命都取决于我们对其存在的善意,而我们的命运反过来不是也取决于这些更高级的、超智能机器的善意吗?让我们来谈谈超级智能机器是否会简单地消灭我们。它们意味着人类的末日吗？

在电影中，机器通常被描绘成邪恶的化身，但无能比恶意似乎更有可能带来风险。当然，我们必须考虑超智能机器无意中灭绝人类的可能性，这种情况存在多种可能发生的场景。

点石成金

第一种可能产生风险的情景是：超级智能机器的目标可能设计得很糟糕。有个故事可以阐释这一点：希腊神话中的米达斯国王曾许愿自己的手指所触碰到的一切都变成黄金。但国王并没有详细说明他真正想要的是什么，他可不想他的食物或女儿也被变成黄金。

可以说，人工智能已经在一些小的、不太危险的方面体现了这一点。例如，2017年，研究人员介绍了一项实验，他们"教"一台电脑玩水上赛艇游戏"赛艇比赛"。人工智能没有完成比赛全过程，而是学会了绕小圈子撞其他小船，因为这样分数会比实际完成比赛增加得更快。

正因为超级智能机器如此智能，但可能其实现目标的方式让我们感到惊讶。假设我们要求一个超级智能机器来治疗癌症，有一种方法是消灭所有可能携带癌症的宿主，那么就是消灭人类了，这并不符合我们要它治疗癌症的本意。

这样的假设对超级智能的认识相当模糊。如果我给你治疗癌症的任务，但你却开始杀人，我可不会认为你有多么聪明。我们假设聪明人已有良好的价值观，且对他人的困境是能够理解的，尤其是那些有感知能力、有感情的人。难道超级智能不应该既聪明又明智吗？

无所不在的回形针

第二种可能产生的风险情况是：即使目标设定得非常正确也可能存在对人类有害的、不合需要的副作用。任何调试过计算机代码的人都知道解释指令时计算机纸面上的代码是多令人沮丧。尼克·博斯特罗姆提出了一个著名的思维实验来探讨这种风险。

假设我们建立了一台超级智能机器，并给它一个目标——尽可能多地制造回形针。因为这台机器是超级智能的，所以它非常善于制作回形针。这台机器可能开始建造越来越多的回形针工厂。最终，整个地球都会变成制造回形针的工厂。这台机器正在做它被要求做的事情，但是结果却不是人类所希望的那样。

现在，博斯特罗姆实际上不相信我们会给超级智能尽量多的制造回形针任务，尤其在我们已经意识到这个特定目标可能带来的风险之后。选择制造回形针只是为了证明：即使是一个平凡的、随意的、表面上无害的目标也可能走入歧途。

与米达斯的故事一样，这种对超级智能的预设是很糟糕的。超级智能难道不能理解那些没有明确规定的隐含目标吗？当然能，目标是要做很多回形针，但并不能以牺牲环境为代价，自然也不能以牺牲人类为代价。

它们还是我们？

第三种可能产生风险情景是：任何超级智能都将出现与人类继续存在产生冲突的附属目标。假设超级智能有一些总目标，比如增加人类的幸福感或保护地球。几乎任何你能想象到的目标都需要超级智能开发资源以付诸实践。这样超级智能必须能继续运作，以便实现其目标。

但是人类可能会关掉机器。此外，人类会选择把资源消耗在能更好地实现超级智能目标的地方。这种逻辑的结论是：超级智能会希望我们人类被干掉，这样人类就不能把它关掉，也不能阻止它们更好使用资源，达成目标。

这些自我保护和获取资源的子目标被斯蒂芬·奥莫汉德罗（Stephen Omohundro）称为"基本人工智能驱动"。[1] 这些驱动是任何足够智能的人工智能系统可能具有的基本附属目标。阿瑟·查理斯·克拉克在《2001：太空漫游》（*2001: A Space*

---

[1] 参 考 Stephen Omohundro（2008），Pei Wang、Ben Goertzel 和 Stan Franklin（eds），*Artificial General Intelligence 2008: Proceedings of the First AGI Conference*, Frontiers in Artificial Intelligence and Applications 171, Amsterdam, IOS Press, pp. 483-492.

Odyssey）中所刻画的HAL 9000计算机也许代表了人工智能自我保护驱动最著名的设想。HAL试图不顾一切地阻止"发现一号"太空船宇航员关掉电脑，由此谋杀了宇航员。

其他的基本人工智能驱动力则是为了改进技术及创造力。人工智能系统将趋向于在物理和计算两方面变得更有效率，以便于实现其可能有的其他目标。而且，更不可预测的是，人工智能系统将趋向于富有创造性，寻找更快速且有效实现目标的新方法。

追求效率不是坏事，这将帮我们保护地球有限的资源，但是创造力更加是个挑战，这意味着超级智能机器将是不可预测的。它们将以我们无法预测的方式实现其目标。这种风险将在下一节中更详细地讨论。

变动的目标

第四种可能有风险的情景是：任何超级智能都可以进行自我修正，或用不同方式工作，或给自己制定新目标。当我们给它一个让自己更智能的目标时，这种情况尤其容易发生。我们又如何确保重新设计的超级智能与我们的人类价值观保持一致呢？在原系统中那些无害的方面可能在新系统中被放大，且可能对我们非常不利。

变动目标的可能不仅是超级智能，而且是其运行的那个更大的系统。我们在人类机构中见过这种现象：它以"任务蔓延"

的名义出现。比如，本来只有一些军事顾问被派去越南，结果，十年后有成千上万的士兵在地面上发动了一场无法获胜的全面战争。

经用一种适度且没有多大害的方式，这种目标变动的问题在人工智能的语境中已经能观察到了。2008年，谷歌推出了谷歌流感趋势，它成为利用大数据促进社会福利的典型代表，它比以往的方法更能有效地预测全球流感季节的时机。谷歌流感趋势是使用谷歌搜索来预测流感何时何地会流行。如果位于某个特定地区的很多人开始问谷歌"如何治疗喉咙痛""什么是发烧"，那么，也许流感已经开始传播了。但在2013年，谷歌流感趋势就停止工作了，悄悄地从谷歌的产品中退出。这到底出了什么问题？

问题就是谷歌搜索（以及它所处的人类生态系统）是一个变动的目标。谷歌搜索已变得越来越好。这种改进部分原因是谷歌在用户输入完之前就给出了搜索建议。这些改进似乎给人们使用谷歌搜索的方式带来了偏见，反过来也损害了谷歌流感趋势的预测能力。通过改进谷歌搜索，我们让流感流行变得更难预测了。

漠不关心

第五种可能有风险的情景是：任何超级智能都可能对我们的命运漠不关心，就像我对某些不太聪明的生命形式的命运漠不关心一样。如果我要建个新工厂，我可能不会特别担心摧毁一个碍事的蚁群。我并不是特意去消灭蚂蚁，但它们恰巧处于工厂待建之处。类似地，超级智能可能不会很关心我们人类的存在。但如果人类碰巧妨碍了其目标的实现，那就可能会被干掉。超级智能可能对我们没有恶意，我们只是连带伤害。

超级智能的漠不关心可能会带来危险。这其中的预设是超级智能并不依赖人类。我们毫无顾虑地摧毁蚁群，因为对蚁群的破坏不太可能给我们带来任何大的糟糕影响。但摧毁人类可能会带来一些超级智能想避免的、严重的副作用。比如，谁提供超级智能所使用的基础设施？谁让服务器在云中运行？谁提供云中所需的电能？谁提供将云连接在一起的互联网？如果人类仍然参与上述服务中的任何一项，超级智能就不应该漠视我们的命运。

同样地，超级智能对人类漠不关心所带来的危险性预设是超级智能与我们不是"家长式"的关系。事实上，我也不确定"家长式"用在这里是不是一个合适的形容词。因为超级智能本身具有超高的智力，我们对他们来说，可能更像被保护的孩子，但我们也是它们的衣食父母，它们也许希望保护我们以感谢我们创造了它们。这两者都是超级智能不应漠视人类命运的原因。

我们应该担心吗？

这些风险之所以存在，部分原因在于超级智能的迅速崛起。若是如此，我们将有很小的机会甚至没有机会看到问题的出现并加以纠正。但正如我们所知，有许多理由可以说明技术奇点不一定会出现。若如此，随着我们努力构建越来越好的系统，超级智能更有可能渐渐出现。我的大多数同事相信超级智能的到来如果不是几百年后的话也是在几十年后了。假如他们的推测正确，我们应该有足够的时间采取一些预防措施。

这样说你可能会松一口气。过去的10年间，一个专注于人工智能安全的研究会已建立。埃隆·马斯克提供了1000万美元资助，目前在美国、英国及其他地方的研究小组正在寻找解决上述的风险规避技术方案。鉴于这些努力，我相当有信心人工智能不会很快消灭人类。

然而，我们不能完全忽视超级智能所构成的生存威胁。但我们可能更应该把注意力集中在直接存在的威胁上，当然也要关注尚不存在的人工智能所构成的威胁。可能你不相信我的话，但人工智能可不是人类所面临的最大的生存风险。《泰晤士高等教育》（ *Times Higher Education* ）在2017年9月对50位诺贝尔奖得主进行的一项调查显示：气候、人口增长、核战争、疾病、自私、无知、恐怖主义、宗教激进主义对人类的威胁比人工智能还大。

帕斯卡赌注

让我们暂时假定超级智能确实存在，即使还有一个世纪或更长的时间，像埃隆·马斯克和尼克·博斯特罗姆他们已警告过我们应该十分关注这个问题。的确，他们担心人工智能将是人类最大的生存威胁，比核毁灭、全球变暖以及地球今天面临的所有其他危险更加紧迫。他们担心这些机器会摆脱我们的控制，可能会有意或无意地使人类灭绝。

在我看来，这些声音实际上是被布莱茨·帕斯卡（Blaise Pascal）设计的经典哲学论证所诱惑。帕斯卡是法国哲学家、数学家和物理学家，出生于1623年，逝世于1662年。在他死后出版的《思想论》（*pensées*）中，他提出了一个关于信仰上帝的必要性的论点，该论点被称为"帕斯卡赌注"。

"帕斯卡赌注"如下：上帝存在，或者不存在，你必须决定选择相信何种情况。事实上，你必须把生命押注在上帝是否存在上。这是所谓的赌注。你不能选择退出的，如果你什么都不选，你仍属于赌注的某一方。

如果你相信上帝，上帝确实存在，那么你就获得了无限幸福的永生。如果你相信上帝，上帝不存在，那么你的损失也是有限的：在你的有限生命中的行为是由你对一个不存在的上帝的信仰决定的。另一方面，如果你不相信上帝，上帝确实存在，那么你的损失是无限的：你放弃了幸福的永生。如果你不相信上帝，上帝不存在，那么你的收获是有限的，你也不需要信徒那些徒劳的繁文缛节。

帕斯卡的推理是"决策理论"最早的例子之一，它是做出最佳决策的逻辑理论（今天，人工智能处于验证计算机决策理论的前沿。颇具讽刺意味的是，同样的理论观点却使人们分散了对地球真正存在的威胁的注意力）。

决策理论告诉我们，信仰上帝的行为比不信上帝的行为有优势。你冒着有限的风险，却可能获得无限收获。这是任何银行家或赌徒都应该毫不犹豫进行的赌注。"帕斯卡赌注"会让你在逻辑上相信上帝，因为这会使你所期望得到的潜在回报达到最大化。

但仅凭逻辑和概率并不能决定我们是否应该相信上帝。关注超级智能的人类正在成为类似这样一个陷阱的受害者。论点如下：人类的灭绝可能会使宇宙中的所有生命消失，留下一个死气沉沉的地方。它将会剥夺数十亿、数万亿人跟随我们获得幸福的机会。的确，许多技术奇点的支持者是超人类主义者，他们也坚信人类终会因战胜死亡而不朽。人类的灭绝将导致更多的幸福损失。

因此，人类灭绝是个太过严重的威胁，以致比其他任何问题都要重要，即使其发生的可能性无穷小。它比全球金融危机重要，比气候变化重要，比我们的政治或经济制度的崩溃重要。因为人类灭绝的风险太大，以致我们不得不把超级智能的风险提到最高，高于所有其他的关注点。也就像在"帕斯卡赌注"中，永恒的幸福及其损失增加了不信上帝的风险，使之高于一切其他行为的风险。在这两种情况下，我们都必须忽略所有其他风险。

折现未来

事实上，现代决策理论提供了一种反击"帕斯卡赌注"的方法。那就是：看重现在，折现未来。今天得到奖励比明天得到同样的奖励更有价值。我们活在当下，而非未来。这就要求我们对回报持有一种精明的功利性态度，但这个观点也许与我们的生物学观点是一致的。即时满足胜过长远利益。

一种简单的折现未来法是采用折现系数。[1] 假设我们将未来的幸福每年折现2%，这是许多发达经济体的当前通货膨胀率，也就是说，一年后的幸福对你来说只有今天98%的幸福。我们还将采取简单的功利主义观点，我们加起来总人口的幸福之和，给两个人同样的幸福比给一个人同样的幸福要多一倍。

为论证便利，我们假定世界人口继续以目前的速度增长，明年世界人口将比现在多1.1%。由于折现系数大于世界人口的增长率，折现后的未来（甚至无限的）人口幸福总值小于今天全部人口的幸福总值。

63年后，世界人口将比现在翻一番。但是，幸福折现系数作用下的今天和未来相比，一个人63年后的幸福值相当于今天幸福值的四分之一。因此，成倍增加人口折现后的幸福值只相当于当今世界人口幸福总值的一半左右。所以，让世界今天幸福比63年

---

[1]　一个最不复杂的折现未来的方法是考虑一个固定的时间窗口。在此时间窗口之后的好处将被简单地忽略。

后幸福更重要。

126年后，世界人口将翻两番。然而，由于折现系数，一人126年后的幸福值约为一人今日幸福值的十六分之一。因此，乘以四倍的增长人口，折现后的幸福值约为当前世界人口幸福总值的四分之一。所以，我们再次看到，让世界今天就幸福比126年后再幸福更重要。

即使很小的折现系数也会提醒我们把注意力集中于现在，集中于许多直接的、现存的风险。这些风险远在超级智能出现前就会长期危害我们。事实上，这本书是关于人工智能造成多重危险的警告，其中许多已经开始危害社会了。大多数危害是由我们今天拥有的"愚蠢"的人工智能造成的，而非我们50年或100年后可能拥有的"聪明"的人工智能造成的。

永不说不

当然，我们不能自信地说超级智能永远不会对人类构成生存威胁。历史给了不少打脸的教训。

我的同事斯图尔特·拉塞尔（Stuart Russell）喜欢说，他那个时代最受尊敬的物理学家之一欧内斯特·卢瑟福（Ernest Rutherford）宣称从原子中提取能量是"妄想"，是永远不可能的。有人在1933年9月12日《泰晤士报》（The Times）上发表的一篇文章中引用过他的话。第二天，利奥·斯拉德（Leo Szilard）便想出了核连锁反应的主意，由此带来了核弹和核能。[1]不到24小时，"永不"就变成了"可怕的真实"。

我们应该谨慎地说"永不"。阿瑟·C.克拉克提出了三项定律，警告我们要注意在听专家预测某事永远不会发生时候的危险。考虑到未来，它们也值得牢记。

第一定律：当一位杰出而年长的科学家宣称某事为可能的，他几乎会是对的。但当他说某事是不可能的，他很可能错了。

第二定律：发现可能性极限的唯一方法就是冒险超越它们进入不可能。

第三定律：任何足够先进的技术都无法与魔法区分开来。

因此，让我再陈述下，技术奇点并非不可能，你可以决定如何理解这种预测！

---

[1]　根据历史学家理查德·罗德斯（Richard Rhodes）的说法，在卢瑟福宣布永远不可能从原子中提取能量的第二天，利奥·斯拉德穿过伦敦布卢姆斯伯里的街道时，产生了核连锁反应的想法。"灯变绿了，斯拉德从路边滑了下去，当他穿过街道的时候，眼前的时间裂开了，他看到了一条通向未来的道路。这条路会把死亡、我们所有的不幸以及将要到来的世界的东西带来。"（见 Richard Rhodes[1986]，*The Making of the Atomic Bomb*，New York，Simon&Schuster）。这种核连锁反应是指数增长能力最引人注目的例子之一。一个中子分裂出一个原子，释放出两个中子。这两个中子分裂出两个新原子，释放出四个中子。四到八，八到十六，十六到三十二，依此类推。在十步之内，我们释放了一千个中子；二十步可以产生一百万个中子，三十步可以产生十亿个中子，四十步可以产生一万亿个中子。人工智能现在可以看到计算能力、数据、算法性能和资金流入该领域的类似指数级增长的影响。像所有指数增长一样，这种增长不会永远持续下去，尽管如此，其进展还是令人印象深刻。

超越生物学

事实上，技术奇点将超级智能的核心思想分散了一点点。我们可以在不经历任何奇点的情况下达到超级智能。例如，机器可以通过超越我们的生物学限制而变成超级智能。机器比人类多了许多优势，我在最后一章中也列出了一些。

进化一直需要适应各种各样的生物限制。例如，我们大脑的大小被限制在约1000亿个神经元之内。虽然大脑消耗的能量比我们身体的其他任何器官都要多，但是它的功率也限制在了20瓦左右。计算机则没有这样的限制。这需要更多的存储空间吗？添加一些内存芯片即可。想要更多存储空间吗？那就将数据存储在云上。想要更多的能量吗？从墙上的电源插座上得到更多的电能即可。与人类不同的是，计算机可以一周7天，每天24小时工作，不眠不休。

人类的感知能力是有限的。我们没有狗的听力或是鹰的视觉。而克服了这些人类受到的限制，计算机便可以成为"超人"。它们可以使用新的传感器，像蚊子身上的红外视觉，或是蝙蝠的超声波感应，或者在自然界中本没有的传感器，GPS、雷达、激光雷达等。机器很容易获得"超能力"。

这就是为何我相信至2062年自动驾驶汽车会超越人类驾驶。这并不仅仅是因为它们驾驶技术更熟练，这是毋庸置疑的。除此之外，它们会比我们更精确地计算停车距离，它们永远不会出错，永远不会违反交通规则。其雷达和激光雷达能比人眼更好地探测道路，尤其是在恶劣的天气里，它们的GPS永远不会失去信号。30年后，机器将比我们好得多。到那时，我们很可能将只允许人类驾驶员在赛车场和其他非常受限制的环境中驾驶了。

到2062年，自动驾驶车也会因为"超人类"的专注力而成为更好的驾驶员。它们永远不会疲倦，也不会分心。它们将100%专注于驾驶，100%的时间都很专注。我不想让一个超级智能一边开我的车一边还担心如何解决气候变化或是如何给中东带来和平。我只想要一台能专注于开车的电脑。

脑机接口

埃隆·马斯克曾建议，为了跟上机器的发展，我们唯一的希望是创造快速、直接跟大脑连接的接口。他创办了一家公司，旨在开发一条"神经织网"将大脑直接与计算机相连。由于众多原因，我发现马斯克认为这样就能让我们跟上机器步伐的观点并不令人信服。

第一，你的大脑已经有了一个非常快速的界面——你的眼睛。据估计，人眼的数据率大约是每秒1000万字节。这大约是连接计算机和互联网的以太网端口的速度。

第二，进入大脑的数据率似乎并非人类认知的限制因素。读两小时的教科书比看同样时长的电影让你学到更多的东西。但是两小时的阅读可能只提供大约10兆字节的输入，相比之下，电影却有2000兆字节的输入。进入大脑的数据率似乎并不会拖后腿。学习包括抽象化的过程，教科书是一种更好、更紧凑的抽象方式。

第三，你大部分的大脑已用于处理输入的数据。据估计，大约三分之一的大脑是用来处理视觉信息的。有种想法是说我们大脑中有大量未使用的部分，可以用于处理来自某些神经织网的额外输入。但这种想法是荒诞的。

第四，把大脑与机器连接起来只可能会减慢机器的速度。我们几乎没有见过人与机器一起工作比人与机器分开作业表现更好的情况。曾有一小段时间，人类与计算机比单独的人类或者计算机更擅长下棋。但是，现在下国际象棋电脑比人类强多了，人类存在就只是碍手碍脚的。更快的接口只会暴露我们的局限。如果你担心机器会接管世界，那么把人与电脑连接起来可能并不是个好主意！

而且，我们没有快速接口能从大脑输出信息，但只有一个快速界面来输入信息。说话和打字只能让我们每分钟输出千字节的信息。但是，似乎没有更多证据表明这种缓慢的输出速度拖累了我们的大脑。我不知道你的情况，但我打字和说话的速度已经可以和我思考的速度一样快了。

保持对机器的领先

如果更快的接口并非人类保持领先机器的方式，那又是什么能使人类保持对机器的优势呢？我们需要发挥自己的优势——创造力、适应能力、情感及社会智慧。但最重要的是，我们需要拥有那些使人类与众不同的东西。我们的艺术、爱、笑声、正义感、公平竞争、勇气、韧性、乐观主义、勇敢、人文精神以及我们的团体精神。

不管机器变得多智能也永远都是机器。人类的经验在于人的独特。数码人则有希望利用这一点，把机器最擅长的任务外包给机器，并专注于人类的体验。

2069

03

意识的终结

到2062年，我们会简单地将我们的大脑上传到云端，变成一个虚拟的存在吗？考虑到数码基层的优越特性，数码人会完全数字化吗？

人类非常特殊的一个部分是我们的意识。从早上醒来到晚上入睡，意识是我们生命体验的中心，在我们内心拷问自己是谁。我们不仅聪明，也能意识到我们是聪明的。我们反思自己是谁，会焦虑，会铭记过去，会规划未来。

有时，这种持续存在的意识变得如此压抑，以至于我们寻找一些体验来分散我们的意识心理——简单地活在当下。我们会冥想、会播放音乐、会跑马拉松、会喝酒或是从悬崖上低空跳伞。

什么是意识？与智力有什么联系？机器会有意识吗？到2062年，人工智能甚至能让我们把意识心理上传到云端吗？数码人是否会具有部分生物学和部分数字化的意识？

棘手的问题

澳大利亚哲学家大卫·查尔默斯（David Chalmers）把意识称

为"棘手的问题"。有人甚至认为这个问题对我们有限的头脑来说太难了，或者它已完全超出了科学研究的范围。查尔默斯确实相信意识最终会被科学地理解。但在1995年，他认为我们当下缺少了一些重要的东西："为了描述意识体验，我们需要在解释中加入额外成分。这对那些认真对待意识这一难题的人来说，是一个挑战：你的额外成分是什么，为什么能解释意识体验？"[1]

几年后，他观察到：

> 意识是心理学中最令人困惑的问题。没有什么比意识体验与人更亲密的了，但是没有什么比这更难解释的。近年来，各种心理现象屈服于科学研究，但意识却顽固地抵制被研究。许多人试图解释它，但解释似乎总是达不到目标。[2]

我们没有测量意识的仪器。据我们所知，大脑中没有任何一个部分单独负责意识。我们每个人都意识到自己是有意识的，且鉴于人类的亲缘关系，大多数人都乐意认为他人也有意识。

我们甚至认为某些动物也有一定级别的意识水平。狗和猫一样有某种级别的清醒意识。但是，没多少人认为蚂蚁有意识。如果看看我们今天所制造的机器，就可以肯定它们完全是没有意识的。

---

[1]　David Chalmers (1995) 'Facing Up to the Pro-blem of Consciousness', *Journal of Consciousness Studies*, vol. 2, no. 3, pp. 200–219.

[2]　David Chalmers（2010）'The Singu-larity: A Philosophical Analysis', *Journal of Consciousness Studies*, vol. 17, no. 9–10, pp. 7–65.

阿尔法围棋不会在某天早上醒来后想："知道吗？你们这些人真的不擅长围棋。我打算玩网络扑克自己赚点钱。"事实上，阿尔法围棋甚至不知道它在玩围棋。它只会做一件事：最大限度地估计它能赢得当前游戏的概率。而且它醒来后肯定不会想："事实上，我已经厌倦玩游戏了，我要接管这个星球。" 阿尔法团棋没有别的目标，只有将获胜的概率最大化。它没有欲望。它是且永远只是个围棋程序。失败时不会悲伤，胜利时也不会快乐。

但是我们不能确定这种情况会不会改变。也许，将来我们会制造出有意识的机器。为了表现得有道德，计算机能够反思其决定。这可能会是非常重要的。为了在一个不断变化且不确定的世界中行动，我们可能需要制造具有非常开放的目标、能反思目标实现过程，甚至能改变原目标的机器。这些可能是成为"有意识的机器"的必经之路。

意识是我们存在的一个重要部分，我们甚至怀疑它是否给了我们强大的进化优势。复杂的社会之所以能够运转，部分原因在于我们能意识到其他人在想什么。如果意识在人类进化中具有强大的优势，那么赋予机器这种优势可能是有用的。

有意识的机器

机器中的意识可能以三种方式之一产生：被编程而产生、从复杂性中出现、被习得而学会。

第一种方式似乎很难。我们如何编程一些我们自己都并未理解到位的东西？可能将一个执行层放置于机器顶部，以监视其动作及其推理，或者我们可能必须等到我们更好地理解意识后才能开始编程。

或者，意识可能并不需要明确地进行编程。这可能只是一个突发的现象。我们有许多在复杂性系统中出现这种新兴现象的例子。例如，生命就出现在我们复杂的宇宙中。意识可能同样从足够复杂的机器中产生。在自然界中，意识与更大、更复杂的大脑相关是肯定的。我们对意识知之甚少，以至于我们不能忽视其从足够复杂的人工智能系统中突现的可能性。

还有第三种选择——机器可以学会成为有意识的机器。这也是合理的。我们的大部分意识似乎都是习得的。当我们出生时，我们的意识是有限的。我们似乎很高兴发现自己的脚趾。我们花了好几个月，或者一年甚至一年以上才意识到我们在镜子中的形象实际上是我们自己。如果我们能学会自我意识，机器就不能学会吗？

然而，意识也许是无法在机器中模拟的东西。或许是因为意识产生需要正确的物质材料基础。比如天气，你可以在计算机中模拟风暴，但是它永远不会在计算机中变湿。类似地，意识可能只有在正确的物质组合下才能发生，而硅很可能不是带来意识的正确物质。

僵尸智能

当我与人们谈论人工智能时，他们经常把注意力集中在第二个单词"智能"上。毕竟，智能使我们与众不同，而智力是人工智能试图建立的。但是，我也提醒人们去思考"人工"这个词。在2062年，我们可能最终建立了一种与我们现有的自然智能截然不同的、非常"人工"的智能。例如，它可能不是有意识的智能。

飞行是一个很好的类比。作为人类，我们在建造模拟飞行器方面已经非常成功。我们制造的飞机可以飞得比声速还快，几个小时就能飞越大洋，可以载运数吨货物。如果我们试图重现自然的飞行，我想，我们只会在跑道的尽头拍打翅膀罢了。我们从与自然完全不同的角度来研究飞行问题——固定的机翼与强大的发动机。自然飞行和人工飞行都依赖相同的空气动力学理论，但它们是对飞行这一挑战的不同解决方案。自然界未必能找到最简单或最好的解决方案。[1]

类似地，与自然智能相比，人工智能可能是解决这个问题的

[1]　1903年10月9日，《纽约时报》（*New York Times*）发表了一篇题为《不飞的飞行器》的社论，否定了人类很快就能制造飞行器的想法。"兰利飞行器空中试飞的失败非常荒谬，完全在意料之中，尽管这是由史密森学会聪明的秘书及其助手设计的……我们可以假设，真正能飞行的飞行器可能是由数学家和机械学家在未来100万到1000万年的时间里共同的、不断的努力发展而成的。"事实上，人类飞上天空并不需要100万年的时间。就在此次失败的第69天后，莱特兄弟演示了一架比空气重的飞机如何在北卡罗来纳州基蒂霍克附近的海滩上持续地迎风飞行。人类发现了一种与自然截然不同的飞行方式。

一种非常不同的方法。其中一个不同之处在于，它可能是一种无意识的智力形式。大卫·查尔默斯称之为"僵尸智能"。我们可能会构建智能，甚至超智能，人工智能却缺乏任何形式的意识。在我们看来，它们肯定是人工智能。僵尸智能会证明智力与意识在某种程度上是分离的两种现象。没有意识我们也会有智力。但是，除非我们能在没有智力的情况下培养意识，这似乎更不可能，否则僵尸智能将无法证明两种现象是完全分开的。一个（意识）必然包含另一个（智力），但反之则不成立。

僵尸智能对人类来说是一个幸运的道德突破。如果人工智能只是僵尸智能，那么，我们可能不必担心如何对待机器。我们可以让机器做最单调、最重复的工作，可以把它们关掉也不用担心它们会受苦。相反，如果人工智能不是僵尸智能，我们可能必须做出一些具有挑战性的道德决策。如果机器变得有意识，它们会有权利吗？已有人开展了黑猩猩及大猩猩等类人猿的法律人格化运动。但如果智能机器是有意识的，它们会获得类似的权利吗？我们还能把它们关掉吗？

惊人的章鱼

人类并不是地球上唯一有意识的生命，大自然至少发现了两条通往智力与意识的不同途径。头足类动物，尤其是由章鱼等无脊椎动物组成的鞘亚纲，与脊椎动物有着完全不同的神经系统类型。头足类动物被认为是所有无脊椎动物中最聪明的。

这听起来可能令人印象并不深刻，因为许多无脊椎动物，如蛤根本就没有大脑，但是头足动物的智力是惊人的。它们会使用工具，在一起打猎时相互合作交流，可以打开有螺丝帽的罐子。头足类动物甚至可以识别、记住人。据说，德国科堡海星水族馆的著名章鱼奥托（Otto），可以在夜晚喷水把2000瓦特的聚光灯关掉。还有许多关于它们解决问题能力的轶事，包括它们逃离储水罐的习性。

由于其智力，头足类动物在一些国家里已经被保护免受科学实验的折磨。在英国，普通章鱼是唯一受1986年《动物科学程序法案》（*Animals Scientific Procedures Act*）所保护的无脊椎动物。在欧洲，头足类动物是2010年第一批受到欧洲《实验室动物法》保护的动物。

6亿年前，头足类与人类分道扬镳，那是在恐龙称霸地球很久之前了。当时，最复杂的动物只有几个神经元。头足类动物以与我们完全不同的方式发展其智力。章鱼五分之三的神经元在其八条腿上。每条腿都能独立于其他腿进行感知和思考。在某种程度上，好像每条腿都有自己的大脑。很难想象身为一只章鱼，当你的双腿都在做自己的事情时会是什么样子，或许有点像喝醉了。

这种奇怪而异常的智能形式提醒我们，有一天人工智能可能和我们的智能非常不同。即使我们建立了一个有意识的人工智能，与我们相比，它可能仍然是一个非常人工的智能。同样，这可能是一个幸运的道德上的突破。

　　我们家养的牛、猪和许多其他动物都有一定的智力和意识。但是，在一定程度上，它们与我们"足够不同"，我们似乎准备忽略我们对待它们颇受质疑的方式。类似地，由于这种不同，我们很可能会以一种人类无法接受的方式来对待这种新的人工智能。

烦心的事情

　　今天的机器不会承受痛苦。这或许并不令人惊讶，因为机器没有意识，因而就没有随之而来的痛苦。人权可以被看作是避免痛苦的道德反应。那么，机器不能感觉到痛苦，机器就没有权利了吗？

　　从技术角度来看，2062年让机器能体会到痛苦可能是有用的。虽然是像人一样的真疼痛还是人工疼痛尚且有待讨论。疼痛有着悠久的进化历史，似乎对人类和其他动物都有很积极的作用。疼痛可以帮助机器人快速从错误中学习。我们迅速将手从火中移开，不是因为我们认识到火所造成的伤害，而是因为疼痛的强度。机器人可能受益于类似的反馈机制。

　　但是，让机器感受到痛苦可能会适得其反。它们能受苦，因此理应享有防止自己受苦的权利。这将大大限制它们的用途，因为我们可能无法强迫它们做最肮脏和最危险的工作。如果我们给机器人痛苦的感知能力，也许我们也应该为它们带来恐惧，这会先于痛苦而防止其受伤。为何在那里停止呢？继续下去，赋予机器人其他的人类情感，如欲望、幸福、兴趣、惊喜、好奇甚至悲伤，难道就没有用吗？

人类有着丰富的情感生活。事实上，我们的情绪与智力似乎紧密相连。许多行为都是由情绪驱动的。情感似乎提供了重要的进化优势：惊奇感帮助我们识别新的、潜在的危险；好奇心驱使我们发现并支配世界。难道我们不希望机器有这些优势吗？

今天的机器并没有情感，却已经开始对人类情感有了初步了解。例如，机器可通过电子邮件中的文本判断人是否生气了，这将有助于机器在与我们的长期对话中进行互动。

电影《她》（*Her*）就很卖座。人工智能是2062年的操作系统。我们将通过与连接在我们生活中的所有设备交谈来增加互动。没有键盘，只有语音输入和输出。这个对话将伴随你从一个房间到另一个房间，到你的汽车上，到你的办公室里，再到你的家中。

为了让这些对话更加吸引人，技术专家们将试图赋予机器自己的情感生活。再次重申，这些情绪是真是假有待讨论，但是，似乎在2062年与我们互动的智能机器很有可能是情绪化的。

马文（Marvin）是道格拉斯·亚当斯（Douglas Adams）创作的《银河系漫游指南》（*The Ltitchhiker's Guide to the Galaxy*）中的偏执型机器人，他清楚地表达道："当然，我左手边的所有二极管里都有这种可怕的疼痛。"除了有痛苦的二极管，他还是一个典型的抑郁型机器人：

阿瑟·登特：（地球）是个美丽的地方。

马文：那里有海洋吗？

阿瑟·登特：是的，有，大而宽广的蓝色海洋。

马文：受不了大海。

这些相当人性化的特点使马文受到成千上万《银河系漫游指南》粉丝的喜爱。到2062年，我们可以期待我们能与许多其他机器共情。

自由意志问题

即使意识不再是人工智能的问题，我们也必须考虑另一个棘手且相关的哲学问题——自由意志的问题。人工智能对这个古老的挑战提出了严厉的指责，因为计算机是确定性的机器，它们遵照精确的指示。按理说，像计算机这样的数字设备是我们最具确定性的发明。

在诸如恒温器之类的模拟装置中存在公差和不确定性，这意味着它可能以我们意想不到的方式工作着。即使是简单的系统也可能具有混沌反馈环，可能使预测中的行为变得不可能。在一个数字设备中，不存在这样的模糊性。状态就是0或1。没有不确定性和偶然性。计算机是数学逻辑的物理诠释，因此它们和逻辑一样精确、明确。把1和1加在一起，你总能得到2。求9的平方根，你总会得到3。

那么，一个在确定性计算机上运行的人工智能程序，怎么会有任何自由意志呢？自由意志是许多科学家小心回避的话题之一。作为科学家，我们大多数人晚上睡觉时都知道我们不能真正解释它。我们开发数学方程式，精确地控制一个神经元何时会受激发。我们假设化学途径有精确的结果。我们讨论由精确微分方程驱动的离子转移。在这些大脑模型中，自由意志的空间又在哪里？

自由意志不是一个局限于人工智能的问题，而是科学在我们自己的生物大脑中努力进行解释的东西。我们大脑的科学模型在自由意志可能隐藏的地方留下了空白。其中之一是量子的奇异性。

罗杰·彭罗斯爵士（Roger Penrose）是抗议人工智能可能性的最有声望的批评者之一。他的理由是：大脑不是算法，不能用传统的数字计算机建模。他推测量子效应在人类大脑中起着重要作用。[1]科学界尚不清楚量子效应是否确实发挥如此重要的作用，但即便是这样，也没有什么能阻止数字计算机模拟量子效应，这让我们怀疑彭罗斯是否真的找到了一个鬼魂的藏身之处。

自由意志可能的另一藏身之处存在于我们与之互动的这个世

---

[1] 关于人类大脑中可能存在量子效应的更多讨论，请参见 Roger Penrose（1989）*The Emperor's New Mind: Concerning Computers, Minds, and the Laws of Physics*，New York, Oxford University Press.

界的复杂性里。自由意志可能只是人与环境相互作用的产物。正如丹尼尔·丹尼特（Daniel Dennett）所说，自由意志可能只是从这种复杂性中产生的错觉。

我们经常忘记一个复杂的世界正在影响我们的决定。在我们看来，自由意志只不过是一个庞大、非常复杂的系统的结果，在这个系统中，我们都只是小玩家。不管最后自由意志是真实的还是虚幻的，人工智能都可能帮助我们弄清楚这个谜底。

有道德的机器人

如果智能机器确实获得了自由意志，那么我们就必须关注它们的价值观。它们会用这种自由意志做坏事吗？即使没有自由意志，我们也希望智能机器的行为合乎道德规范。

这里的问题不仅仅是聪明的机器，我们也希望一个非常愚蠢的人工智能在行为上合乎道德规范。事实上，今天在自动汽车驾驶方面存在这个问题，尽管它们还不是很智能，但我们却已经令之决定我们的生死。

当涉及道德行为时，有意识的机器会比无意识的机器更有优势。它可以反思自己的行动，包括过去、现在和未来，也可以反映其他人将如何受到这些行动的影响。很难想象制造一个行为合乎道德规范的机器人，但它却没有一个在某种程度上类似人类自我意识的有效执行层。

这个控制机器人如何工作的执行层应该做什么？我们是否应该编写一些类似于阿西莫夫机器人学三定律的程序？艾萨克·阿西莫夫（Isaac Asimov）早在1942年就提出了他著名的机器人守则：

第一条：机器人不得伤害人类，或袖手旁观坐视人类受到伤害。

第二条：除非违背第一法则，机器人必须服从人类的命令。

第三条：在不违背第一法则及第二法则的情况下，机器人必须保护自己。

阿西莫夫声称这些守则来自2058年出版的第56版《机器人手册》。我确信到2058年，阿西莫夫将是正确的，制造机器人将会有明确的道德准则。但如果说阿西莫夫的故事有什么作用的话，那就是证明了其三条法则的局限性。如果采取行动会伤害一个人，而什么都不做会伤害另一个人，会发生什么呢？如果两个人发出冲突的命令又会发生什么呢？

经典的电车难题是挑战阿西莫夫定律的道德困境的一个例子。假设你坐在你的特斯拉车厢里，特斯拉车厢是自主驾驶的。突然，两个小孩追着一个球跑上了马路。特斯拉是撞上两个孩子还是突然转向停着的车？计算机有毫秒的时间来决定采取什么行动，所有这些行动都可能导致受伤甚至死亡，但没有时间把控制权交还给你。所以，什么都不做很可能会杀死孩子们，但是通过转向停着的车来躲避小孩的行为可能会害死你自己。阿西莫夫守则不能帮助特斯拉决定怎么做。

在后来引入第四条法则时又突出了"阿西莫夫守则"的局限性。

第零守则：机器人不得伤害人类整体，或因不作为使人类整体受到伤害。

这条法则被编号为零，因为它优先于前三条法则。这条法则捕捉到一个事实：在某些情况下，机器人伤害人类可能是机器人的最佳行动。所以，我们仍然不确定特斯拉面临电车难题时，机器到底会做什么决定。

阿西莫夫的第零法则实际上产生了一系列新的问题。机器人如何判断什么会伤害人类？伤害人类意味着什么？例如，我们如何不择手段地利用尚未出生的人，以换取活着的人的福利呢？

我怀疑我们可能无法为智能机器手动编程所谓的"道德规范"，或许我们可以决定让机器学会有道德地做事。这也不是没有挑战性的。我们人类的行为方式往往不符合我们为自己设定的道德标准。因此，机器很难通过观察人类行为来学习伦理。

事实上，我们或许应该让机器保持一个比人类还高的道德标准。它们没有人类的弱点。比如，自动驾驶汽车可以编程设定为永不超速。一架独立自主而配备武装力量的无人机可被编程为永远按照国际人道主义法进行活动。一个机器人律师可被编程为永不隐藏所发现的证据。这是一个有趣且开放的问题：这种超级伦理学如何被习得呢？

死亡的终结

我们的意识与我们的生存息息相关。据目前科学所知，意识似乎会随死亡而结束，这就把我们带到了死亡的主题。为了走向死亡，我们将取道于超人类主义。

如今，人工智能已成为主流。20年前，当我告诉人们我正在研究人工智能时，他们会开玩笑说电脑有多蠢。但现在，随着人工智能开始渗透，甚至改善了我们生活的某些部分时，人们常说："你在人工智能领域工作，真酷！"另一方面，通用人工智能仍然是一种边缘性追求。如果你开始探索这条边缘地带，你最终可能会到达超人类主义。在这里，你会发现，人们把人工智能看作是欺骗死亡本身的一种方式。

有趣的是，许多人对人工智能的风险发出过更为强烈的警告。而这些人，如尼克·博斯特罗姆，都是超人类主义者。当然，这也可以理解。如果你打算活得长长久久，万一遇到人工智能消灭人类，个体遭受的损失将不可估量。因此，有些超人类主义者渴望尽快看到人工智能，认为其超人类主义梦想可以通过人工智能实现。但他们同样害怕人工智能，因为不知道人工智能会如何作为，这着实是一种有趣的讽刺。

人工智能为何是死亡的终结呢？我们的生物体本身是非常不完美的容器。病毒、细菌会感染入侵我们的防御系统。我们的免疫系统可能会崩溃，让癌症控制并杀死我们。我们的维修机制停止工作则会使我们变老。一辈子转眼就过完了，我们大多数人都在走向死亡的路上。如果硅成为我们智慧的超级宿主，则更快、更宽敞，基本上不会衰朽。而且，由于数字信息可毫无错误地复制，我们便能够随时在一个新的、更完美的主机上重新启动。

因此，到2062年，我们会简单地将我们的大脑上传到云端，变成一个虚拟的存在吗？考虑到数码基层的优越特性，数码人会完全数字化吗？或者数码人会部分地保持生物性、部分地保持数字化吗？这些问题的答案在某种程度上取决于意识的性质。如果意识是纯粹生物学的，那么上传到云端会遗留下一些重要的东西。也就是说，我们的"僵尸"可能就是我们自己。它将知晓我们所知的一切，能说出我们会说的一切，但它又不是我们。另一方面，如果人工智能是有意识的，那么我们所上传的自我可能会继承一种类似于人类生物性的自我的意识。这种可能性就更麻烦了。

幸运的是，我们可以从这种道德困境中解脱出来，因为上传我们的大脑会受到技术的限制。想要准确地阅读我们生物大脑的内容来制作数字拷贝，既是不可能的，也是不切实际的。人类的大脑拥有数十亿个神经元和数万亿个突触，是我们已知的宇宙中最复杂的系统。简单地说，从技术上来说，"阅读"任何一个甚至都是不可能的。或者说，虽然有可能，但却是破坏性的。也就是说，我们可以阅读我们大脑的内容，但这样会破坏原始内容。用这样的方式，我们也许能创造出一个人工的复制品，却不能留下一个有效的生物大脑。这种技术困难使我们不必担心关于身份与自我的道德伦理难题。

虚拟生活

我期望我们能保持自身的生物形态，通过数字化助理从一旁不断提供帮助，增加其容量。我们还将拥有数字化身，它在数字世界中的声音和行为将和我们一样。到2062年，我们将沉浸在虚拟而增强的世界中，无法与现实世界区分开来。即使我们的身体仍存在于现实世界中，我们的大脑也会认为自己在数字世界中。

这些虚拟世界将非常诱人。在这样的世界里，我们每个人都可以变得富有、有名，都可以变漂亮、变聪明，都能成功。没有什么能超越我们。

现实世界肯定不会那么令人愉快。因而某些人沉迷于虚拟世界中逃避现实也不足为奇，并在虚拟世界中耗费无数光阴。在发达国家，我们已经看到了这种趋势出现。在21世纪，21岁到30岁之间没有上大学的美国男性工作时间减少了20%。与此同时，其中的许多人花越来越多的时间玩电子游戏。事实上，许多人在玩电子游戏上花费的时间已超过了在与朋友社交、运动或做其他爱好上的时间。这群人占21岁到55岁之间玩游戏的总人口的40%，尽管他们只占该年龄段人口的10%。对这个群体来说，虚拟世界似乎日益提供了一种虚拟的逃避现实世界的方式。

虚拟世界令人不安的是，有人身处虚拟世界的所作所为是现实世界中不可接受的。社会必须决定在现实世界中违法行为是否应在虚拟世界中被视为违法或不可能。或者，社会可能会决定这样的虚拟世界是否需要必要的底线。这是很难决定的，可能会有

生物学的终结

另一种可能结束死亡的方法是战胜生物学。人工智能将帮助我们更多地了解人体是如何工作以及如何停止工作，甚至如何返老还童的。也许我们会简单地治愈所有折磨我们的疾病，包括在西方世界终结我们大部分生命的疾病：老年。

为什么我们一辈子享有的生命仅百岁，而非千年？如果我们能延长寿命至千年，又为什么要止步于此？在我们生命的前半生，我们的身体非常擅长自我修复。或许我们可以欺骗身体，让它长时间这样做？结合碱基编辑器（CRISPR）[1] 等新的基因编辑技术，人工智能可能会帮助我们走向永生。

这种对人类生存的改变需要对社会进行深刻的改革。如果这种"不朽"只限于富人，社会贫富之间矛盾将变得更加突出。现在，富人的寿命已经比穷人长，但更明显的差异可能会引起社会的强烈反对。

另一方面，如果所有人都能获得这种不朽，我们就完全需要重新想象该如何管理社会。需要引入自愿安乐死来为新一代腾出

---

[1]　CRISPR（发音为"crisper"）表示"成簇的、规律间隔的短回文重复序列"。这是一项强有力的基因编辑新技术基础。《科学》（Science）杂志将其命名为2015年的"年度突破"。诺贝尔奖的评委委员会肯定会在不久的将来认识到它的潜力。

空间吗？我们是否需要"无孩"政策，也许还需要抽签来决定什么时候你可以有孩子来代替那些意外或故意死亡的孩子？我们将如何为可能持续数百年甚至数千年的生命重新创造童年、工作和退休的循环？

没有终点的生活也需要我们重新考虑存在的意义。人类的经验是由其简洁性来定义的。生命是短暂的，这是其美感的一部分。我们必须活得充实，因为我们不知生命何时结束。我们的归宿都是同样的。如果数码人超越了这一点，我们可能需要全新的信仰来赋予生命意义。

04

工作的终结

人工智能很可能既是问题又是答案。人工智能通过让人们失业来制造问题，这需要人们去重新掌握新的技能。

让我们不要忘记"工作"只由两个字构成。而到2062年，人工智能最明显的影响之一将是人类做的工作会少得多。未来可能会给我们普通人今天那些富人才能拥有的闲暇生活，这可能被称为"第二次文艺复兴"，只不过这次出力的将会是机器。而我们的时间则集中于更为重要的事情，而非简单的个人食宿。我们将会忙于创作及欣赏伟大的艺术，我们将会扩大及发展我们的社区，参与健全、有力的政治辩论，我们将保护及欣赏我们美丽的星球。我们中的某些人甚至会利用所有的空闲时间成为业余科学家。我们将发现更多的宇宙奇观——毫无疑问，有机器助手来帮助我们。如同上次文艺复兴，这将是又一个知识在宇宙中迅速膨胀的时代。

　　总之，生活会很美好。我们所需要的生活必需品价格将大幅下降，因其为效率更高的机器所生产。而贫穷将会成为某种遥远的记忆，如发达国家的民众对贫困的维多利亚时代的遥远记忆。我们中仍选择工作的人将享有四五天的周末。所有人将分享永不睡觉的机器所创造的财富。

　　假如从2062年回溯至2000年，那2000年真是太过时了。值得一提的是，澳大利亚、美国、英国这样的发达国家在1900年至1962年间也曾发生过翻天覆地的变化，所以，我们的生活在2000年到2062年之间变化可能同样会很大。

　　1900年的街道上挤满了马匹和马车，许多人在恶劣的条件下做着重复而乏味的工作。那时，人类预期的寿命只有41岁。但在接下来的62年中，人类甚至踏上了登月的征程，街道上挤满了汽车和卡车，工作条件也大大改善了。进入了喷气式飞机时代，世界仿佛正在迅速缩小。在两次世界大战与"大萧条"之后又是一段乐观时期。科学给我们的生活带来了显著的好处，人们感觉到社会环境的极大改善。"摇摆的60年代"就这样到来，人类预期的寿命几乎翻了一番，达到71岁。

　　2062年可能也是一个同样乐观的时期。当我们适应新技术时，可能此前已遭受了近50年的痛苦。但到2062年，现在的机器将会承担较大的工作负担，人类的生活水平将得到极大提高，贫困将被消除，人类的预期寿命将会达到100岁，甚至以上。等到那时，再看2000年，真是恍如隔世。

所有工作的一半

　　经济学家们今天担心的一个问题是，到2062年，许多工作岗位将会消失，许多工作将自动完成，这会是工作的终结吗？如果机器在精神上、身体上都能超越我们，那人类还能做什么呢？

　　这可不是一个小问题。2017年10月，谷歌宣布：在未来五年内将花费10亿美元，通过"与谷歌一起成长"计划对美国的工人进行新技能培训，帮助当地和小型企业发展，并支持世界各地在这些领域工作的非营利组织。谷歌员工也将在这些非营利组织中志愿工作100万小时。

　　诸多人类对工作岗位变化的担忧可以上溯至2013年。牛津大学的卡尔·贝内迪克特·弗雷（Carl B.Frey）和迈克尔·A.奥斯本（Michael A.Osborne）研究了自动化对人类工作职位的影响。这项研究的预测结果广为引用，影响范围相当广。即在未来20年时间里，美国47%的工作将受到自动化的威胁。最近，其他更详细的研究也做出了类似令人惊慌的预测。

　　不得不提的是，20世纪的大部分时间中，经济学家都定期做出了类似预测。例如，早在1930年约翰·梅纳德·凯恩斯（John Maynard Keynes）就曾警告过："出现了一个有些读者可能没有听过的新问题，且读者未来的几年时间里会经常听到它——技术性失业。"经济学家们经常犯错误，因此，这些早期的预测并不一定会出现。尽管凯恩斯早有断言，可如今大多数国家的失业率都处于历史最低水平，更何况世界人口仍处于历史高位。我们或许可以说，工作远没有终结。事实上，似乎还有更多的工作仍在继续着。我们中的许多人花费在工作上的时间似乎越来越长了。

　　弗雷和奥斯本的报告中有两点值得注意。首先，报告本身基本上是"自动化"的。作者利用机器学习的方式来精准预测700多种不同的工作中哪些会被自动化。当然，颇有讽刺意味的是，关于工作自动化的报告本身基本上是自动化完成的，似乎我们没有准备好面对这个问题之前，机器就告诉我们：我们要被自动化取代了。

第二个突出的问题是，预计面临自动化风险的工作岗位数量多得惊人。据预测，几乎一半的工作都面临风险，这就产生了一个经常被重复的模因传播现象。2015年11月，英格兰银行首席经济学家安迪·霍尔丹（Andy Haldane）预测：英国约一半的工作岗位面临自动化的风险。2016年10月，世界银行行长金墉（Jim Yong Kim）预测：印度69%的就业机会、中国77%的就业机会均面临风险。面对如此庞大的数字，许多人开始担心也就不足为奇了。

在我们继续讨论之前，请先放宽心，不要被这些面临风险工作的高百分比吓到。任何声称能够预测未来20年内面临风险的工作岗位数量的人，尤其是精确到47%、69%或77%的人，都是在自欺欺人或者是在试图愚弄你。面临风险的工作岗位数量到底是多少？我们其实并未真正地了解，因为其中有太大的不确定性，下文一一说明。

训练数据

像弗雷、奥斯本、世界银行等机构的预测很可能错误的原因是输入数据的错误——训练数据。计算机界有一句名言：错进，错出（若输入错误数据，则输出亦为错误数据）。

　　这里弗雷和奥斯本研究中分类者的预测主要依赖于训练数据。研究人员对702份不同工作中的70份在未来20年内是否存在自动化风险进行了手动分类。他们的分类是二元的：一个工作要么有自动化的风险，要么没有。然而，一些被分类的工作可能介于两者之间。例如，他们认为有一项工作存在自动化风险，那就是会计和审计师。当然有部分会计和审计师工作在接下来的几十年里将实现自动化。但我怀疑的是，会计或审计师工作会不会消失？

　　无论如何，弗雷和奥斯本将70份工作中的37份归类为处于自动化风险中。也就是说，作为分类者的输入，超过一半的训练数据被认为是有自动化风险的工作。而分类者的输出所得预测为：702份工作约有一半的概率面临自动化的风险。在之前的预设下，得出这个结果也就不足为奇了。如果他们的训练数据设置得更谨慎，比如说，将四分之一的工作归为有自动化风险，那么，他们对所有工作的总预测可能也同样更为谨慎。

　　2017年1月，我决定用我自己的一项调查来探索这个想法，就像我请人工智能专家预测机器与人类达到同等智能需要多长时间。我邀请了300名人工智能和机器人专家对弗雷和奥斯本训练数据中哪些工作会在未来20年内面临自动化风险进行分类。我还向近500名非专家提出了同样的问题，他们是我写的一篇关于扑克机器人发展的文章的大众读者。非专家几乎完全同意弗雷和奥斯本的预测。但是人工智能和机器人技术的专家们更加谨慎。[1]他们预测的面临自动化风险的工作岗位比弗雷和奥斯本的预测中减少了约20%。当然，即便如此，仍然有大量工作会转为自动化，只是这个数字不像牛津研究所得出的数字那么戏剧化。

修理自行车

即使假设我们能用更好的训练数据来纠正弗雷和奥斯本的预测，我们做的仍然不够。例如，他们的机器学习分类者认为，自行车维修工作有94%的概率将会在未来20年内实现自动化，人类维修者可能面临失业。但我可以向你保证，到那时，我们几乎没可能会完成这类工作哪怕最小部分的自动化。

这个错误揭示了他们研究的一些局限。第一，自行车是很难修理的，需要精巧的操作，还要处理许多非标准零件。第二，用机器人代替自行车修理工在经济上是不可行的，一个非常昂贵的机器人不会去做报酬不高的工作。第三，自行车修理工是一种社会性的工作，它的工作内容不仅包含了修理自行车，还需要修理者与客户交谈，向客户出售最新的工具包，提供合适的骑行地点

---

[1] 经济学家可能一直是警示技术失业最为响亮的声音之一。具有讽刺意味的是，我调查的专家与非专家们都反对经济学家所谓的"未来20年内实现自动化"观点。五分之二的非专家预测，经济学家这项工作可能在未来20年内实现自动化，而只有八分之一的专家做出了这样的预测。

的建议等。

弗雷和奥斯本的分类没有考虑自动化作业经济可行性，而只关心技术可行性，其分类也没有考虑我们是否只是喜欢"人"来做这项工作。另外，他们的数据中还有许多其他特征，这些特征将决定哪些工作会转为自动化，哪些不会转为自动化。

开飞机

弗雷和奥斯本研究中的另一个预测是，商业飞行员在未来20年内实现自动化的可能性为55%。这是一个有趣的预测，因为从技术角度来看，我们今天已经可以自动化完成大部分飞行工作了。事实上，大多数时候都是电脑在驾驶飞机了（当着陆不是那么平稳的时候，你才知道飞机正在人类飞行员的控制下飞行）。更重要的是，空域是一个非常好控制的环境，这使得自动驾驶飞机比汽车更容易实现。

这55%的概率意味着什么其实不太清楚。当然不是说20年内55%的商业飞行员将会为电脑所取代。事实上，波音公司预测，在这段时间内需要60多万名新飞行员。尽管这样说可能更符合他们的利益，但听起来，飞行员并不像是一个处于危险的职业。随着中国和印度新兴的中产阶级开始对旅游产生兴趣，对飞行员的需求也在增加。自动化似乎对这种需求没有什么影响。

我预计商业飞行员将需要20多年的时间才能被电脑取代。作为旅行者，我们喜欢有一个人在飞机前面。因为若出了问题，他的生命也会处于危险之中。即使今天大多数事故都是由飞行员失误造成的，但放弃人类飞行员可能也需要20多年的时间才能使全社会接受吧。

几十年前，当我登上一架飞机时，我希望前面的那个人是一个银发、经验丰富的飞行员。俗话说："有老飞行员，有大胆的飞行员，但没有大胆的老飞行员。"但今天我要找一个年轻的书呆子，他要知道如何使用所有的屏幕，所以这项工作将会发生改变，将更多地用电脑操纵而非老套的飞行。但是，我们对人类飞行员的需求似乎不太可能下降。

机器人模特

弗雷和奥斯本研究中的另一个预测是，未来20年内，时尚模特有98%的概率会实现自动化。真的吗？我们真的要用噘着双唇、摇摆着臀部昂首阔步的机器人来取代人类模特吗？

这听起来很可疑。我们不想知道机器人身上穿什么样的衣服，而想知道人身上穿什么样的衣服。我们不想看着一个戴着昂贵手表的机器人，而是想看一个看上去很有钱的男模特。不要忘记一个技术上的难题：要让机器人能穿上高跟鞋走路，这可不是一蹴而就的事。

只有一个领域机器将取代人类模特——虚拟世界。我们将能够生成数字模特。这些数字模特将无法与人类模特区分。它们每天的出场费用比1万美元少多了。

音乐行业或可为模特的去向佐证。数字音乐并没有减少人类音乐家的数量。事实上，美国劳工部预测，对音乐家的需求在未来10年内不会减少，而是适度地增加。音乐产业转向了虚拟世界。许多音乐家现在从表演中赚的钱比从录音中赚的更多。我们重视体验——亲耳聆听我们的音乐偶像。类似地，我们可以预期作为职业的模特将继续存在，但将更加注重表演。即使在时尚摄影中，也会有一个从人工到真实的转变。美国劳工部预测，未来10年，模特的就业人数既不会减少也不会显著增加。

实际面临风险的工作数量

弗雷和奥斯本的分类没有考虑到许多技术、经济和社会变量。他们预测低收入工作会面临自动化的风险，可这类工作的自动化在经济上并不可取，故而他们会得出这样的预测结果也就不足为奇。假设我们扩展了他们的模型来考虑这些变量及许多其他重要因素，那么，他们所预测的47%的工作面临自动化风险也不会转化为47%的失业率。技术创造了许多新的就业机会。当然，还需要考虑其他因素，例如，人口结构的变化。

技术的历史告诉我们：新技术会创造更多的就业机会，而非摧毁。在工业革命之前，大多数人从事农业或手工业。在这些工作中，许多都已经实现了机械化。但办公室与工厂创造了更多的、新的工作岗位。同样，我们可以期望人工智能在使旧工作岗位自动化的同时，会创造新的工作岗位。

任何有关自动化风险工作岗位数量的预测本身就具有不确定性，其对就业水平的影响亦然。47%的工作岗位不太可能实现自动化。事实上，没有人能说清自动化对就业的实际影响是什么。

如我们所知

有证据表明，有些工作已经开始实现自动化，但其中一些工作并没有被其他工作所取代。麻省理工学院2017年的一项研究分析了1993年至2007年间美国受自动化的影响。研究发现，工业机器人总体上减少了工作的数量。

平均每台新机器人可代替5.6名工人。在其他工作中未见其抵消收益。事实上，这项研究估计机器人数量每增加1000个，美国就业人口就减少0.34%。

自动化也给其他现存的工作带来了压力。每增加一台机器人，每1000名工人的工资就减少0.5%。在这项为期14年的研究中，美国的工业机器人数量翻了两番，取代了人类约50万个工作岗位。

石油行业提供了一个了解自动化对人类工作挑战规模的具体案例。石油价格从2014年8月的每桶115美元跌至2016年年初的每桶30美元以下，这使得该行业减少了员工数量并提高了自动化水平。全世界石油工业中有近50万个工作岗位消失。但是，近来随着石油价格的反弹，石油行业又在增长，但其中只有不到一半的工作岗位得以恢复。自动化已经把通常在一口油井中作业的20人减少至5人。

开放性与闭合性的工作

自动化不会消除某些工作，原因之一是在某些情况下，我们反而要做更多的特定工作。能够区分"开放性"和"闭合性"工作是很有必要的。自动化将倾向于增加开放性的工作，但会取代闭合性的工作。

闭合性的工作是指有固定工作量的工作。例如，窗户清洁就是一种闭合性的工作。地球上只有固定数量的窗户需要清洗。在2017年的德国汉诺威消费电子、信息及通信博览会（CeBIT）上，我看到了窗户清洁机器人的雏形。一旦机器人能清理窗户，在不远的将来，人类窗户清洁员的工作就会消失。至少，人工费高昂加上工作的高风险（易从梯子上坠落）会使得这项工作率先从发达国家消失。

同样地，自行车修理工也是一种闭合性的工作。我已经对这项工作自动化的可能性提出了质疑。但即使是这样，这也是闭合性的工作，因为世界上不会突然出现更多的自行车需要修理。

相比之下，开放性的工作会随自动化发展而扩展。例如，化学家是个开放性的工作。若你是名化学家，自动化作业的工具会帮你从事更多的化学工作。你可以更快地推进我们对化学的理解前沿，自动化不会研究完所有的新化学领域。

当然，大多数工作既不是完全开放的，也不是完全闭合的，以法律职业为例。随着计算机接管越来越多的日常法律工作，了解法律的成本将会下降，这将扩大律师市场，产生更多的需求，使我们所有人都能更好地获得法律咨询，可能会为有经验的律师创造更多的工作。但很难想象初级的法律工作还有人类的一席之地。对年轻的法学毕业生来说，与机器人律师竞争可能会变得更难。因为机器人律师已读过所有的法律文献，不需要睡觉，从来不犯错，也不必拿薪水。

部分自动化的工作

为什么47%的工作自动化不会转化为大规模失业？另一理由是47%的工作中只有部分工作会被自动化。但我不相信这个论点，因为如果工作的某些部分被自动化后，通常可以用更少的人来完成同样的工作。

比如律师的工作。通过仔细分析律师花在工作的不同方面的时间，我们就可以知道：律师们只有四分之一的时间花在了将来可能会自动化完成的工作上。[1]我们暂且不考虑未来还有多少可能被自动化的部分。除非我们创造更多的法律工作，否则我们可以用现存的四分之三的律师数量来完成当前所有的法律工作。律师们可能会提高自己的竞争力，并利用额外的时间来做更好的工作，但一些律师事务所会将价格降低四分之三，并削减四分之一的员工以弥补其收入的下降。

部分工作的自动化甚至被用来论证"看起来最有自动化风险的工作实际上却是安全的"。有人认为，卡车司机不必担心被取代，因为总是会有极端例子证明人胜于机器。像卡车到达工程工地时，那里的道路工人用手向卡车发信号，或是卡车要绕着一个不在任何GPS地图上的工厂行驶，那么自动驾驶的卡车将无法应付。

对卡车司机来说，这可不一定。别忽视远程驾驶。斯塔克西机器人公司（Starksy Robotics）等公司已经在测试自动驾驶的卡车了。在这种卡车中，若机器无法应付就会由远程驾驶员负责。这样，一名远程司机能够负责多辆自动驾驶卡车。因此，虽然我们可能在未来的一段时间里需要人类远程驾驶卡车，但驾驶员的数量将比现在少得多。

---

[1]　参考 James Manyika, Michael Chui, Mehdi Miremadi, Jacques Bughim, Katy George, Paul Willmott & Martin Dewhurst (2017) *A Future that Works: Automation, Employment and Productivity*，McKinsey Global Institute.

工作时间减少

47%的工作自动化无法转化为47%的失业率的另一原因是，我们一周内的工作时间可能会减少。工业革命期间的情况正是如此。工业革命前，许多人会日出而作，日落而息，每周工作大约60小时。而工业革命后，大多数人每周工作时长减少到40小时左右。有人甚至每年都有几个星期的假期。

同样的情况也可能发生在人工智能革命上。我们可以缩短工作日，或者我们一周有三天或四天是周末，但这需要分享由提高生产力所产生的财富，然而，几乎没有任何证据表明这种财富能够被更多人分享。事实上，似乎恰恰相反，发达经济体中，大多数工人已经不再涨工资，或者工资涨幅没能跑赢通货膨胀。

也有一种观点认为我们可以负担得起更短的工作时间。人工智能将降低许多基本必需品的价格，而更高效的机器会使生活必需品更便宜。所以，我们可能不需要工资增长，只要减少工作时长。至少在理论上，我们赚得少也能生活。

评估一切工作

除了减少工作外，我们还可为人们所做的工作支付更多的报酬。许多人在社区照看老人、抚养孩子、做志愿服务。这些都是对社会至关重要却没有收入的工作。随着社会发展越来越好，我们应该找到补偿从事这类工作者的方式，更重视他们。我们其中的许多人通过有偿工作获得社会地位。我们将自己看作是勤劳的、纳税的、有贡献的社会成员。我们需要尊重那些无偿工作者，这对保持社会的平稳运行至关重要。

这反映了一个更为广泛的问题：我们应更重视许多有薪酬或者无薪酬的工作，像是教师、护士、警察、消防员以及其他不可或缺的工作。至于人工智能所致的红利，我们可以选择付诸识别和奖励以上工作。

世界在变老

我们还必须考虑不断变化的人口结构。如在许多发达国家，新生儿越来越少，人类寿命也越来越长。因此，退休年龄正在不断被推迟，但通常无法企及预期寿命的增长速度。

我的同事罗德尼·布鲁克斯（Rodney Brooks）是当今最著名的机器人学家之一，他认为不必担心技术所导致的失业。事实上，恰恰相反，机器人会及时将我们从这场危机中解救出来。没有机器人，就没有人能做所有为退休者服务的工作。

日本是这次变革的中心地区之一。作为世界上寿命最长的国家之一，日本的公司正在大力投资制造护理机器人。日本社会似乎特别支持用机器人来照顾老人的想法，而世界其他地区可能最终也会效仿日本。如果罗德尼·布鲁克斯是对的，我们可能别无选择。假设，诚然如此，那这些工作不正是我们本想为人类所保留的工作吗？我们真的想在老年时被机器人照顾吗？

赢家与输家

技术对不同群体的影响不同，人工智能无疑会遵循这种模式。一些群体将处于有利地位，而其他群体则处于不利地位。那么，届时谁是赢家，谁是输家呢？

20岁左右、未受过高等教育的男性是一个看起来注定要失败的群体。2015年，22%的21岁至30岁的美国男性在过去的12个月的时间里根本没有工作。这些人口曾经是劳动力的支柱，曾是美国最可靠、最勤奋的工人群体。以前，他们直接离开学校后就会得到一份蓝领工作，会一直做到退休。而今，超过五分之一的人失业，且在许多情况下他们根本就不找工作。

没有工作，这个群体就不太可能结婚、走出家门或参与政治活动。许多人只能坐在家里，迷失在虚拟世界中。越来越多的人寻求酒精和毒品的麻痹，导致死亡率不断攀升。如果他们没能找到工作，就永远没有机会获得一份体面的工作吗？他们的未来看起来相当黯淡。

男人的世界

另一个失败的群体是女性。我们已经为这个问题取了一个名字："男人的世界"。这个名字是由玛格丽特·米切尔（Margaret Mitchell）在2016年创造的，她当时是微软研究院（Microsoft Research）的人工智能研究员，现在在谷歌工作。该问题突出了一个事实：只有10%左右的人工智能研究人员为女性。这种性别失衡对人工智能的发展是有害的。有些根本性问题是无法解决的，因为这些根本性问题甚至从未被提出过。比如，医学的应用程序难道不应该考虑女性的月经周期吗？[1]而在招聘程序中，我们又如何消除对休产假者的偏见？

往大了说，妇女将失去工作，因为许多新创造出的工作将需要技术。如果技术工作中的性别不平衡仍然存在，那么，女性在赢得未来出现的新工作时将处于不利地位。另一方面，从事受自动化影响工作的男性可能比女性多。目前尚不清楚这两个竞争因素中哪一个将起决定性作用。

妇女并不是目前唯一未充分发声的群体。其他群体如黑人和拉美裔族群在技术方面，尤其是人工智能研究方面，也缺乏足够的声音。这同样可能会对一些已艰难获得的权利产生负面影响，如种族平等。没有多样化的劳动力群体建立的人工智能系统就很

---

[1] 这个例子是经过精心挑选的。2014年6月，苹果iWatch的HealthKit首次发布，其中并未追踪女性的月经周期。

难确保人工智能系统本身的公正性。

没有简单的修补之道。人人皆知性别失衡始于年少，那时女孩子开始在学校选择科目，她们不选择数学、科学或技术。但认识到这些问题至少是朝着一个不那么偏颇的未来迈出的第一步。

发展中国家

最后一个可能成为输家的庞大群体是那些生活在发展中国家的人民。发达国家，如美国，已从工业革命中获益以提高生活质量，但目前还完全不清楚人工智能革命带来的利益是否将会流向发展中国家。

目前，技术变革的大部分利润都流向了大型科技公司。其财富并未较好地与其他发达国家分享，更不用说与发展中国家分享了。与此同时，许多治理全球贫困的政策正在减少，各国内部及各国间的不平等也在加剧。

全球化将许多工作从发达国家外包给发展中国家。比如，客服中心会迁移到印度或其他地方；生产过程会转移到海外劳动力更便宜的地方；供应链会走向全球。这对发展中国家来说是个好消息。

但这些趋势现在可能开始逆转了。人工智能和机器人技术将带来的效率提高，可能会促使其中的许多工作转移到发达国家的自动化工厂及办公室。供应链将变得更短（因此，面对气候破坏，供应链将更加强大）。交货期将缩短，这会使发展中国家丧失繁荣的机会吗？有些人希望发展中国家能够跳过建设发达国家工业化进程中所伴随的昂贵的基础设施和机构。当你可以直接使用电子邮件时，不需要建立邮政服务；当你可以直接通过5G传输时，不需要为国家建宽带。

然而，单靠这一点还不足以让发展中国家繁荣发展。这是一场持续的战斗，比如，迫使大型制药公司向发展中国家的制药企业提供企业所能负担得起的药品。但这对发展中国家来说并不是好兆头，发展中国家希望获得知识产权，使其成为人工智能的积极生产者，而不仅仅是消费者。

卡车司机与出租车司机

在发达国家，煤矿里的金丝雀很可能是司机。[1]那些开出租车、卡车和送货车的人可能会成为人工智能革命的第一大受害者。美国有超过300万人受雇为司机。这些人的工作在未来20年内都面临风险。特斯拉的目标是到2019年，在他们的汽车上实现完全自动驾驶（5级），尽管在最后期限内其目标未能较好地完成。而沃尔沃和福特都宣布到2021年他们将出售全自动驾驶汽车。无

---

[1]　金丝雀对瓦斯非常敏感，只要矿内有瓦斯就会啼叫，因此，以前矿工们都会在矿坑里放金丝雀，以之为提前示警的工具，所以说"煤矿里的金丝雀"。——译者注

人驾驶汽车就在眼前了。

安全是其中一个驱动因素。汽车的发明给了我们个人机动性，但代价巨大。2016年，美国公路上有37,000多人死亡。同一年，超过1000人死在澳大利亚的公路上。大约95%的死亡是由驾驶失误造成的。真的，我们人类是糟糕的司机。我们醉了开车，累了也开车，我们会被手机干扰，我们会违反交通规则，我们会在不该超车的时候超车、闯红灯……在美国，在你的一生中，大约有1%的概率死于机动车事故。[1]交通事故是美国青少年死亡的头号原因，甚至比枪支更具危险性。我们越早用可靠的计算机取代人类司机就越好。到2062年，我们将怀着沮丧的心情回顾我们曾经容忍的在路上发生的"大屠杀"。

另一个主要的驱动因素是成本。用卡车运输货物的成本大约有四分之三是劳动力成本。优步出租车最贵的部分是司机。优步公司已在试用自动驾驶的出租车。这是优步能达到与谷歌、脸书（Facebook）等科技公司同等规模的唯一方式，进而证明其高昂的股价是合理的。

自动驾驶带来的收益将会是惊人的。若一辆自动卡车行驶，不需要停车休息，以近四分之一的成本行驶两倍的时间，则大约为原生力的八倍。人类驾驶员根本无法与之竞争。驾驶将不再是一种能获得薪酬的技能。

---

[1]　在美国，你一生中大约有114次会死于车祸的可能。从这个角度来看，你一生中有1/370的可能被枪杀，还有1/9800的可能死于飞机事故。你可能更应该担心你在汽车里中行驶，而非你乘坐的航班。

对卡车司机来说，这种转变可能相对不那么痛苦。澳大利亚卡车驾驶员是以老年人为主体的职业：卡车司机平均年龄为47岁。约10年后，许多人将退休，其工作将由自动卡车承担。年轻人根本不会进入这个行业。

而对出租车司机来说，这种转变可能更快、更痛苦。对大多数乘客来说，这将是有利的，因为坐车的成本将大幅度降低。但对优步司机来说，未来看起来却是很暗淡的。更具有讽刺意味的是，这个星球上最新的工作之一——优步司机——可能也是寿命最短的工作之一。

我们将需要应对自动驾驶汽车的所有连带影响。当卡车司机不再需要停车、吃饭和睡觉时，所有的卡车停车点会怎么办？如果自动驾驶汽车兼作办公室，我们中的许多人会住在离工作地点更远的地方吗？这对郊区和乡村地区的房地产价格有什么影响？汽车塑造了美国。很快，自动驾驶汽车将重新定义它。

终生学习

保持领先机器的一个方法是随着新技术的发明而不断学习新的技能。许多人需要不断地重塑自己。新技术将创造新的就业机会。但这些工作需要的技能与被替换的旧工作不同。当我们离开学校、大学时，学习不会停止。学习需要伴随我们终生。

这需要对我们的教育体系进行一些重大改革。当员工已经进入工作岗位时，我们如何支持他们学习新技能？我们如何让学生在以后的生活中学习新技能？雇主和政府如何支持在职学习？

人工智能很可能既是问题又是答案。人工智能通过让人们失业来制造问题，这需要人们去重新掌握新的技能。但是人工智能也可以帮助人们学习。例如，它可以帮助构建支持个性化学习的工具。

我们需要考虑对课程进行大的改动。未来最重要的技能不是技术，特殊的技术、技能很快就会被抛弃。更多的"STEM学科"（科学、技术、工程和数学）肯定不是最终答案。对计算机程序员的需求将是有限的，当人工智能成功时，大部分编程将由计算机自己完成。

相反，人类需要强大的分析能力。他们需要情感和社会智力。他们还需要我们人类的所有其他特质——创造力、韧性、决心和好奇心。这些人类技能将使我们保持对机器的领先地位。

新的工作

技术创造了新的工作岗位，也摧毁了它们。过去肯定如此，我们没有理由认为这种情况在未来不会发生。然而，没有一条经济学的基本定律要求其所创造的就业机会与其所摧毁的就业机会数量相等。在过去，创造的就业机会多于所摧毁的就业机会，但不一定绝对如此。这次可能有所不同。

在工业革命期间，机器承担了人类许多的体力劳动。但是我们仍然要完成所有的认知任务。这一次，随着机器开始承担诸多认知任务，一个令人担忧的问题出现了：人类还剩下什么？

我的一个同事认为将会有很多新的工作出现，例如机器人修理工。但我完全不相信这一点。以前在汽车工厂里的从事油漆和焊接的成千上万工人都被几个机器人修理工所取代。机器人也没有理由不能修理其他机器人，毕竟我们已经有了用机器人制造机器人的工厂。在"黑暗工厂"（既没有人，也不需要灯）中，机器人日夜工作，制造其他机器人。日本发那科（Fanuc）公司是最大的工业机器人制造商之一，自2001年以来，在富士山附近经营着一家"黑暗工厂"。发那科公司实现了约60亿美元的年销售额，将机器人销售到中国等蓬勃发展的市场。

另一个同事则认为我们会需要机器人心理学家。但我们真的需要为每个机器人准备一位机器人心理学家吗？机器人心理学将由地球上的部分人来指导，充其量也就是一部分人，所以，还是不会有很多人类承担照顾机器人心理健康的工作。是的，新工作必须在人类所擅长的领域，或者在某些我们特意选择不用机器的领域。

但到2062年，机器很可能会像"超人"一样。我们很难想象在任何工作中，人类仍能比机器做得更优秀。这意味着唯一留给人类的工作将是那些我们更喜爱人类来处理的工作。机器的身体及认知能力可能在工作中强于我们，但我们仍然会选择让人类来处理。

不想要的机器人

那么，人工智能革命将是重新发现"何以成人"的契机，也是被称为第二次文艺复兴的另一原因。我们将重新发现人性。

到2062年，机器从技术上完全可以成为了不起的艺术家。它们将能为莎士比亚（Shakespeare）的《麦克白》（*Macbeth*）写剧本，绘画作品能与毕加索（Picasso）的《格尔尼卡》（*Guernica*）一样具有煽动性，谱的曲子能与艾里克·萨蒂（Erik Satie）的作品同样优美。但我们还是更喜欢人类艺术家的作品，因为这些作品才是直击灵魂之作。

我们会欣赏人类艺术家所写的爱情故事，因为这将是我们所有人的共同体验。没有一台机器能像我们一样真正体验到爱。即便机器产生了意识和情感，也永远不能体验到人类的爱。我们会重视人类艺术家笔下的死亡，因为死亡的感受只有我们才能分享。或是一个人类艺术家笔下的人类精神、正义或公平，或是人类经验的任何其他部分。

除艺术外，我们也将用新的眼光欣赏手工艺。事实上，我们已能在嬉皮文化中窥得端倪。我们越来越欣赏那些手工制作之物。大规模机器生产制造的商品将变得越来越便宜，而手工制造的商品将越来越稀有、昂贵。

因此，未来对工匠仍将会有大量需求，手工精酿啤酒、手工奶酪、有机葡萄酒、手作陶器。这些将会再次证明人类所分享的共同经验：我们垂涎手工雕刻的木碗，而非更便宜、更完美的机器制作的木碗；我们会记得木匠给我们讲的故事，记得我们在森林中散步时如何发现制碗所用的木材，记得木匠的女儿如何在他们身旁学习古代工艺……

作为社会动物，我们将越来越欣赏、重视与他人的社会交往。咖啡店店员从容地在电脑控制的咖啡机上按下按钮，每次都能做出完美的咖啡，然而，我们仍会排队请一个人给我们煮咖啡，其间，我们可以聊聊天，只是为了笑一笑，为了人与人之间交流的体验。我们还希望能请一位销售助理来帮我们挑选衣服；请一位医生来告诉我们血液测试的坏消息；请一位人类调酒师为我们倒一杯威士忌，顺便说一句安慰的话；请一位人类健身教练帮我们练练肌肉，甚至请一位人类法官在法庭上宣读判决。

2062年最重要的人类特征将是我们的社交与情商、艺术和手工技能。它不会是目前被视为获得工作重要的STEM技术。具有讽刺意味的是，我们的技术未来将不再是技术，而是人性。未来的工作是最人性化的。

2069

05

战争的终结

机器，而非人类，将独自进行杀戮，不涉及任何人，这从根本上改变了战争的性质。随着这些变化，我们为战争找的任何道德借口都将开始瓦解。

到2062年，还有一项工作可能会因自动化而消失，也是我和许多其他人特别担心的，那就是打仗。事实上，人类在战场上被机器代替已经开始了。新的军备竞赛已经开始了，机器人发展到可以取代战场上的人类，媒体喜欢称之为"杀手机器人"，但技术术语是"致命自主武器"（lethal autonomous weapons，LAW）。

称之为"杀手机器人"的问题在于会让人联想到"终结者"的画面，因此也会联想到遥远的技术。但"终结者"并不是让我或数千名从事人工智能工作的同事所担心的。我们所担心的是一种简单得多的技术，充其量（或最坏）10年也就达到了。我害怕的不是聪明的人工智能，而是愚蠢的人工智能。我们将提供那些没有足够判断能力却能定人生死的机器。

以一架捕食者无人机为例。这是一种半自主武器，在大部分时间内可以自主飞行。然而，通常在内华达州的一个集装箱里仍有一名士兵全面控制它。更重要的是，仍是由一名士兵决定发射其中一枚导弹。但用计算机取代那个士兵是一个很小的技术步骤。事实上，从技术上已有可能做到这一点。[1]而且，一旦我们制造出如此简单的自主武器，便会有一场军备竞赛用于开发越来越复杂的版本。

如果在20年内，致命自主武器普遍存在却没有相应的法律规范，世界将成为一个更糟糕的地方。这将是战争可怕的发展。但这并非不可避免，我们可以选择是否沿着这条路走，我们也可以选择将在接下来的几年里走哪条路。

杀手机器人的诱惑

对军方来说，自主武器的吸引力显而易见。捕食者无人机中最薄弱的环节是无线链路系统。事实上，无人机会因无线电干扰而被阴谋破坏。但如果你能让无人机自己飞行、跟踪和瞄准，你就有了一个更强大的武器。

一个完全自主的无人机也可以让军方摒弃昂贵的无人机飞行员。美国空军可改名为"美国无人机空军"，因为它已经拥有比任何其他类型飞机的飞行员都多的无人机飞行员。而到2062年，它将不仅仅拥有比任何其他类型飞机的飞行员更多的无人机飞行员，还会拥有比所有其他飞行员加起来都要多的无人机飞行员。

---

[1]　别相信我说的一个完全自主的无人驾驶飞机是不可能的；英国国防部也说，现在的技术就是可能的。

尽管无人机飞行员在执行作战任务时不需要冒生命危险，但他们仍会遭受创伤后应激障碍（PTSD），其发生率与其他空军飞行员相近。

自主武器还有许多其他的作战优势：不需要食物供应或薪酬，可全天候作战，具有超人的准确性及反应能力，永远不需要从战场撤离，服从每一项命令，更不会犯下种种暴行或违反国际人道主义法。[1]它们将是完美的陆军、海军、空军。

战略上来说，自主武器是军事梦想。军队可以在不受劳动力限制的情况下扩大作战规模，一个程序员可以指挥数百甚至数千种自主武器，这将导致战争的工业化。自主武器将极大地增加战术选择，它们能将人类从危险中解救出来，能承担最危险的任务，可以称之为"战争4.0"。

据报道，2017年9月，弗拉基米尔·普京说，在人工智能领域，领先者将会统治世界。他预言，未来的战争将由无人机进行：当一方的无人机被敌方的无人机摧毁时，除了投降别无选择。然而，到2062年，所谓"军事梦想"将成为噩梦，其中有许多原因。

---

[1] 我在这里重申，希望自主武器将能够遵守国际人道主义法，不会犯下暴行。与许多支持自主武器者的观点恰恰相反，我认为这种说法是值得怀疑的。

杀人机器人的道德

首先，我们有一个强有力的道德论据反对杀手机器人。如果我们将某人是否能生存的决定权转交给机器，我们就放弃了人性中最重要的部分。当然，在今天，机器没有情感、恻隐之心或者同情心，所以，机器适合来决定谁生谁死吗？

战争是可怕的，死亡、重伤、致残……平民遭到轰炸，人民惊恐万分。人在战争中的很多行为在和平时期是不被允许的。某种程度上，我们之所以允许人在战争中的某些行为是因为身处其中的士兵自身生命受到了威胁。你被允许杀死敌人，因为在那一刻，不是你死就是我亡。

战争是一件可怕的事情，在我眼中，它也不应该是件容易的事，更不应该是轻易而"干净"地发动战争。如果我们能从历史中借鉴一件事，那就是所谓"干净"战争的承诺曾经是、并且今天可能仍会是一种幻觉而已。战争必须永远是最后的、不得已的选择。政治家们必须证明，为什么我们的子女要为之付出生命的代价。

军事技术史在很大程度上是让杀戮变得越来越遥远的历史。一开始，我们是直接作战、赤身肉搏。火药让我们后退一步，从远处射击。飞机让我们从上空进攻。而现在，像无人机这样的技术让我们可以远程杀人，在这个过程中，我们不再需要冒生命危险。自主武器是使我们脱离战争行为的最后一步。机器，而非人类，将独自进行杀戮，不涉及任何人，这从根本上改变了战争的性质。随着这些变化，我们为战争找的任何道德借口都将开始瓦解。

大规模杀伤性武器

除了道德上的争论之外，还有许多技术及法律上的原因需要我们关注杀手机器人。在我看来，支持禁止这些武器最有力的论据之一是，它们将彻底改变战争。

第一次战争革命是中国人发明了火药，第二次是美国人制造了核武器。每次"革命"都代表着杀人速度与效率的跨越式变化。致命性自主武器将是第三次革命。

自主武器将是大规模杀伤性武器。以前，如果你想伤害别人就需要一支军队。你必须说服这支军队服从你的命令，训练他们，厉兵秣马，支付军饷。但现在，一个程序员就能控制成百上千的武器。像对待其他所有大规模杀伤性武器——化学武器、生物武器和核武器一样，我们需要禁止自主武器。[1]

在某些方面，致命性自主武器甚至比核武器更棘手。制造核弹需要高超的技术，需要整个独立民族国家的资源，需要获取裂

---

[1] 大规模杀伤性武器通常被认为是能够滥杀大量人员的武器。自主武器一定不能是任意滥杀的。事实上，它们可能是我们制造过的最具辨别力的武器。然而，美国国防部将大规模杀伤性武器定义为"能够进行高阶杀伤或造成大规模伤亡的武器"。它不要求这种武器是不是不分青红皂白乱杀一气。

变材料，还需要熟练的物理学家与工程师。因为所有这些资源都是必不可少的，因此，核武器没有大量扩散。自主武器则不需要这些。只需携带一架小型无人机，用神经网络编程，即可识别、跟踪和瞄准任何白种人的面部。这种人脸识别软件如今可以在许多智能手机中找到。现在把几克烈性炸药附在无人机上，通过将一些现有的技术结合起来，你就拥有了一种简单、廉价，但致命的自主武器。

如果你开着一辆载有10,000架无人机的卡车进入纽约市，你就可以发动一场堪比"9·11"的恐怖袭击。你甚至不需要你的武器非常精确。假设无人机的瞄准率只有十分之一，你仍可以在几分钟内杀死1000人。而若准确率达到50%的话，很快就有5000人死亡。[1]

制造这样的武器要比制造自动驾驶汽车容易得多。对一辆车来说，稳定性99.99%或许仍然不可接受，但对一架杀手级无人机来说，这可完全足够了。鉴于许多汽车制造商计划在2025年前推出完全无人驾驶汽车，那么，武器制造商在几年内开发出这种杀手级无人机并不是不切实际的。

---

[1] 就透视这一点来说，现在的图像识别软件做得比人脸识别要好。人脸识别，10次中有1次能识别对。而目前图像识别的准确度是每20次识别中，正确识别的超过19次。

恐怖武器

像这样的自主武器将是恐怖武器。你能想象被一群自主无人机追赶有多可怕吗？它们将落入恐怖分子和流氓国家的领导人手中，这些人对将它们用在平民身上毫无顾虑。致命性自主武器将是镇压平民的理想武器。与人类不同，自主武器会毫不犹豫地实施暴行，甚至种族大屠杀。

有一些人声称机器人比人类士兵更合乎道德。在我看来，这是支持自主武器的最有趣及最具挑战性的争论，但它忽略了一个事实，即我们还不知道如何制造符合国际人道主义法的自主武器。战争规则要求以参战者而非平民为目标，根据自身所受威胁程度进行相应的行动。在参战者投降，或当他们受伤而不能战斗时，认可并尊重他们。但是，我们还不知道如何制造能判断这种区别的自主武器。

到2062年，我预计将会研究出如何制造合乎道德的机器人。我们的生活将充满自主装置，我们需要这些自主装置的行为合乎道德。因此，有一天，我们可能会拥有遵守国际人道主义法的致命性自主武器。然而，我们无法阻止这些武器被黑客以不合乎道德的方式使用。如果你可以访问一个计算机系统，那几乎可以破解它。还有很多不守规矩的人会无视其中正在运行的安全条例。

具有讽刺意味的是，包括英国在内的一些国家反对禁止使用致命自主武器的条例，正是因为这些国家违反了国际人道主义法。他们会进行争辩，不需要新的立法来处理此类武器。历史表明这个论点是有缺陷的。化学武器违反国际人道主义法，尤其是1925年的《日内瓦议定书》。1993年，《禁止化学武器公约》开始生效，以加强对这类武器的管制。英国是该公约签署、批准的原始缔约国，而它现在却声称已有的国际人道主义法足以处理致命性自主武器这类新武器。

《禁止化学武器公约》强化了国际法，禁止在战争中使用任何化学品，设立了禁止化学武器组织。该政府间组织设在海牙，负责监测化学武器的开发、生产、储存和使用。今天，世界上超过90%的已申报化学武器储备已被销毁。武器禁止会对我们的安全产生积极影响。

错误的武器

除了恐怖的武器，自主武器也是错误的武器。从技术角度来看，你最不想放置机器人的地方就是战场。

机器人首先出现在汽车工厂这样的地方理由十分充分。在工厂中，人类可以控制环境。你可以决定人与物的去向，甚至可以把机器人放在笼子里保护旁观者。战场却是个不同的环境，那里充满了不确定性与混乱，所以，它不是致命性机器人理想的放置之处。

2016年11月，美国对兴都库什山塔利班及基地组织军事行动的调查显示：每10名死于无人机袭击的人中，约有9人不是预定目标。请记住，产生这个结果时，无人机仍处于一人的控制下，对形势的感知优于当前任何机器。这个人做出攸关生死的决策。作为一名技术专家，如果你让我用机器代替无人机的飞行员，我会很高兴，十分之九的错误率，与人类表现相差无几。我担心人类几乎每次都会犯错误。

这些武器速度更快，就增加了出错的可能性。即使有人在负责，机器也可能因为动作太快，以致人类无法介入并终止错误的发生。这种武器的系统可能会以意想不到的方式运作。就像在股票市场上一样，它们可能会进入意想不到的反馈环。但与股市不同的是，结果将是致命的。我们甚至会以此发起本不想打的"闪电战"。

错误会造成另一问题："责任差距"。当致命性自主武器出错时，谁来负责？谁将会被军事法庭审判？在海牙，谁将因战争罪被起诉？当武器使用机器来学习如何识别和跟踪目标时，责任差距尤甚。在这种情况下，制造商实际上并没有对武器的行为进行编程，是武器自学的。但它学到什么取决于它所见的数据。

更糟糕的是，军方会试图让武器继续在战场上学习。如果他们不这样做，对手会很快找到混淆固定程序的方法。为了防止这种情况的发生，他们希望自主武器能像人类士兵一样，适应敌人做的任何事情。但是，如果一个自主武器正在学习，一个坚定的对手将寻找方法来训练武器以抵消其威胁。他们甚至可以训练它攻击自己的管理者。那么，谁将对它的错误负责呢？

地缘政治稳定性

在战略层面上，致命性自主武器也构成了威胁，它可能会破坏目前朝鲜与韩国之间的僵局。如今，一群小型、隐蔽、自主的无人机是很难被防御的。它们所构成的威胁可能会诱使一方发动突然袭击。对这种突然袭击的恐惧，加上我们无力反击的恐惧，很可能会导致更大规模武器甚至核武器的使用。

因此，致命性自主武器有可能会打破目前的军事力量平衡。你将不再需要成为一个经济超级大国才能维持一支庞大而致命的军队。拥有一支强大的自主武器军队只需要一个适度的银行存款余额。它们将是未来的卡拉什尼科夫[1]。与核武器不同，它们将是廉价且容易生产的，它们将出现在世界各地的黑市上。

但这并不意味着致命性自主武器不能被禁止。化学武器价格低廉，易于生产，但已被禁止。我们不需要发展自己的自主武器来威慑那些可能忽视禁令的人，就像我们如何处理核武器一样。我们已经有了大量的威慑力量——军事、经济和外交——来对付那些选择无视有关致命性自主武器的国际条约的人。

---

[1]　卡拉什尼科夫(Kalashnikov, 1919-2013)，著名 AK-47等苏联武器的设计师。——译者注

战斗的号角

2015年7月，迈克斯·泰格马克（Max Tegmark）、斯图尔特·罗素（Stuart Russell）和我对这一领域的发展十分震惊。我们邀请了1000名在人工智能及机器人领域工作的同事、研究人员签署了一份公开信，呼吁联合国禁止进攻性自主武器。这封信发布在主要的国际人工智能会议——国际人工智能联合会议上。[1]

1000个签名似乎是一个很好的整数，这代表了人工智能社区的大部分人。说明下这个数字，会议本身预计会有大约1000名代表参加，而第一天结束时，签名数量从1000增加到了2000。在为期一周的会议中，签名数量继续快速攀升。

这封信受到了广泛的关注，部分原因是它包含了一些知名人士的名字，如斯蒂芬·霍金、埃隆·马斯克和诺姆·乔姆斯基（Noam Chomsky）。但更重要的是，在我看来，它是由人工智能与机器人学诸多主要研究人员签署的。他们有的来自世界各地的大学，也有的来自商业实验室，如谷歌、深度思考、脸书的人工智能研究实验室和埃隆·马斯克人工智能研究所。这些人可以说是最了解技术及其局限性的人。

联合国注意到了我们的警告。这封信有助于推动一些非正式

---

[1] 主要的人工智能会议为什么被称为国际人工智能联合会议？真相已迷失在历史的迷雾中。然而，这是能见到来自地球各地人工智能研究人员的地方。

的讨论。就在一年后，2016年12月，在主要裁军会议上，联合国决定继续就这一问题进行正式讨论。致命性自主武器现在正由一个政府专家组（GGE）审议，该组织是联合国大会授权处理这一问题的专门机构。

如果各国能够达成共识，我希望政府专家组将在《特定常规武器公约》框架下对某些常规武器提出禁令。本公约的全称实际上是《禁止或限制使用某些可被视为具有过分伤害性或滥杀滥伤作用的常规武器公约》。对外交官来说，它被简单地称为《特定常规武器公约》。《特定常规武器公约》是一个不限成员名额的条约，以前用来禁止地雷、饵雷、燃烧武器和激光致盲武器。

军备竞赛

在公开信中，我们警告说将会出现一场旨在开发越来越多的自主武器的军备竞赛。可悲的是，这场军备竞赛其实已经开始了。五角大楼在目前的预算中拨出180亿美元用于开发新型武器，其中许多是自主武器。其他国家，包括英国、俄罗斯、中国和以色列，也启动了复杂的自主武器研发项目。

空中、陆地、海上或海底，任何战场都有世界各地军队研制的自主武器。甚至可以说，至少有一种自主武器已投放使用——三星SGR-A1自动哨兵机器人，正守卫着朝鲜与韩国之间的非军事区。

现在，没有理由就进入这片非军事区不是个好的决定。这是世界上地雷最多的地方，而且，就算地雷没能杀死你，三星的哨兵机器人也会把你干掉。它可以用自动机关枪自动识别、瞄准、射杀任何走进无人区的人。它精准度高，从数公里外也能一击毙命。

还有其他正在使用中的武器也被认为是自主武器。我们可以排除地雷及其他简单的技术，因为它们不能锁定目标。但像安置在澳大利亚皇家海军和其他舰艇上的"密集阵"反导弹系统（Phalanx）就可以自主行动。它可以保护舰艇用雷达操纵的引信拦截超声速反舰导弹。当导弹飞过地平线时，人类没有时间做出反应。反导弹系统需要自主识别、跟踪和瞄准。

像这样的防御武器没什么好担心的。它们的操作窗口非常有限。它们在战斗中保护军舰周围的空域，只瞄准超声速运动的物体，实际上拯救了人类的生命。大多数人，包括我自己，对这种有限的自主武器使用几乎没有任何异议。

另一方面，一架可以在战场上盘旋数日的无人驾驶飞机将会带来更多麻烦。无论在时间上，还是在空间上，它的行动范围都要大得多。如果车队出现在其下方，它必须自行判定车队性质是军事车队、援助车队还是婚礼车队。今天的机器尚不能可靠地做出这样的区分。

随着核武器的发展，世界陷入了令人不安的行动过程中。我们不想要一个拥有杀人机器人的世界，但是，如果我们的敌人拥有它们，我们最好自己也拥有一些——禁令的反对者争论不休。因此，这场军备竞赛已经开始研发了一些我们不希望出现的武器。

事实上，我们甚至不需要真正的自主武器来防御那些可能用自主武器攻击我们的人。例如，美国目前正在探索更简单的技术，如用网和猛禽来防御遥控无人机。

对禁令的异议

一些对杀人机器人禁令的异议者已经提出了一些论据。但在我看来，没有一个能经得起仔细推敲的。

异议者最主要的论据之一是：机器人的行为会比人类士兵更合乎道德。但正如我之前所说，我们还不知道如何制造合乎道德的机器人。我们不知道人工智能是否会有恻隐之心与同情心来做符合道德的事情。假设，即便我们能制造出行为合乎道德的机器人，但我们也不知道如何制造出能抵挡"黑化"、抗拒不道德行为的机器人。

异议者的另一论据是：使用机器人意味着我们可以让人类士兵远离伤害。一些批评家甚至认为我们在道德上有义务使用机器人。也许这种观点最令人不安的一面是它忽略了那些面对杀手机器人的人。致命自主武器将提高我们战胜另一方的速度，从而降低战争的障碍。但这最终可能导致更多的死亡，而非更少。我们不能只关心己方的伤亡。

异议者的第三个论据是：我们不能定义"自主武器"，那如何才能禁止无法定义的东西？我同意很难为"自主"下定义。但在人工智能领域，我们早已习惯了。大多数研究人员已经放弃了定义什么是人工智能的尝试，只是继续制造越来越有能力的机器。我估计任何禁令都不会定义"自主武器"，而只需划定不可逾越的红线即可。一架在战场上盘旋数天的完全自主的无人驾驶飞机很可能属于被禁止的部分，而国际上的共识可能认为"密集阵"反导弹系统这类自卫性自主武器不需要被禁。随着新技术的出现，人们对其合法性将达成共识。

异议者的第四个论据是：新的军事技术只会使世界变得更安全，而非更暴力，因此，我们应该接受自主武器。像史蒂文·平克（Steven Pinker）在《人性中的善良天使：暴力为什么会减少》（*The Better Angels of Our Nature*）一书中提出的一些论点经常被引用。[1] 平克提出了令人信服的观点：今天的世界比历史上任何一个时期都不那么暴力，种族灭绝也更少。然而，平克所说的与禁令的必要性并无矛盾。只有通过国际人道主义法和新的武器条约，新技术的破坏性影响才会得以遏制。实际上，正是1849年奥地利军队从气球上向威尼斯投下的炸弹（大多数人认为，那是第一次空中轰

---

[1]　　参见 Steven Pinker（2011）*The Better Angels of Our Nature*, New York, Viking Books.

炸战役）促使1899年出台禁止空中轰炸的《海牙公约》。与对待其他新技术一样，我们也应该制定新的法律来限制杀手机器人的使用。

第五个论据是：一些人反对说，与其他像激光致盲武器这类成功被禁的技术不同，我们所讨论的只是一种可以添加到几乎任何现有武器上的非常广泛的能力。禁止自主武器就像试图禁止用电一样。更重要的是，今天的许多武器已经有了某种有限的自主形式，并且不可能检查半自主武器是否已经进行了软件升级，以使其完全自主。

这一论据误解了武器相关条约的运作方式。例如，对激光致盲武器并无检查制度，也没有警力确保军火公司不建造防步兵地雷。如果违反了条约，人权监察组织等非政府组织会将之记录在案。全世界新闻头条都会谴责这些行为。这项决议是在联合国会议上做出的。不管距离多远，海牙法院的威慑力仍然存在。

这似乎足以确保武器条约较少被违反，也确保了武器公司不会出售违禁武器，人们也不能在黑市上找到它们，或是让它们落入恐怖分子手中。我们可以期待自主武器受到类似条约的约束。

蹒跚的步履

联合国在2016年年底决定，自主武器问题专家组将在2017年举行两次会议，第一次在8月，第二次在11月，就在每年特定常规武器公约会议前。不幸的是，尽管外交官们承认该问题迫在眉睫，亟待解决，但8月份的会议仍被取消了。

联合国通过了新的财务规定，要求每次会议都自筹费用。一些国家，尤其是巴西，并未做出自己应有的贡献。据我所知，巴西没有关于禁止杀人机器人的讨论，也已经有好几年未缴会费了。联合国8月会议所需的资金只有几十万美元。当我们的目标是让世界变得更好、更安全的时候，这些钱又算什么！所以，我帮忙找到了一位捐赠者提供财务支持。

但联合国应该感到羞愧的是，他们拒绝接受这笔用于支付8月会议费用的专项慈善捐款。他们宣称，联合国只从各国政府那里获取资金，却有意忽视了特德·特纳（Ted Turner）在20世纪90年代末捐给他们的10亿美元。因此，就因为这区区25万美元的缺口，这个问题未能得到讨论。

为了凸显这个问题，我决定采取公开行动。当时，只有一家公司公开反对自主武器，即加拿大ClearPath机器人公司。因此，我组织了100多家机器人和人工智能公司创始人签署了第二封公开信，呼吁常规武器公约对杀手机器人采取行动。

在墨尔本举行的人工智能国际联合会议（2017）上，我们再次发布了这封信。碰巧的是，会议在2017年8月第一天就开始了，即国际经济咨询委员会的第一次会议就已经开始了。第二封信由深度思考的两位创始人戴密斯·哈萨比斯（Demis Hassabis）和穆斯塔法·苏莱曼（Mustafa Suleyman）以及许多其他人工智能及机器人领域的知名人士签署。这些签署者包括杰弗里·辛顿（Geoffrey Hinton）与尤舒亚·本吉奥（Yoshua Bengio），这两位是深度学习理论之父，还有OpenAI的创始人埃隆·马斯克。

同第一封公开信一样，这封新的公开信成为世界各地的头条新闻，这表明工业界和学术界都支持对这些技术进行规范的想法。其中还引入了新闻界经常重复的话："一旦潘多拉的盒子被打开，将很难被关闭。"

2017年年底，我与签署了这封信的137家人工智能和机器人公司的创始人被提名为美国武器控制协会年度最具影响力的裁军贡献奖年度人物。真正的获奖者是沟通《联合国禁止核武器条约》的外交官。看到自主武器问题被如此严肃对待，真是令人欣慰。[1]

就连军火公司也能看到禁令的好处。英国BAE系统公司是最大的武器出口公司之一，也是制作下一代自主系统原型的公司。在2016年的世界经济论坛上，该公司董事长约翰·卡尔（John Carr）爵士辩称，完全自主的武器将无法遵守战争法。因此，他呼

---

[1] 弗朗西斯教皇可能不习惯排在第三位，而美国武器控制协会年度最具影响力的裁军贡献奖年度人物中他名列第二。我怀疑他或许已经能习惯被一个来自澳大利亚的无名教授超越了。

吁政府加强管理。

日益增加的压力

迄今为止，已有23个国家呼吁联合国禁止致命性自主武器。这些国家包括：阿尔及利亚、阿根廷、奥地利、玻利维亚、巴西、智利、哥斯达黎加、古巴、厄瓜多尔、埃及、加纳、危地马拉、梵蒂冈、伊拉克、墨西哥、尼加拉瓜、巴基斯坦、巴拿马、秘鲁、巴勒斯坦、乌干达、委内瑞拉和津巴布韦。此外，非洲联盟呼吁在其出现前就发布禁令。最近，中国呼吁禁止使用（但不是开发和部署）完全自主武器。

该禁令能在联合国内部获得多数支持尚有待推进，而完全达成共识前更是长路漫漫。到目前为止，支持的国家通常是那些最有可能受到此类恐怖武器打击的国家。然而，任何个体攻击都应在"有意义的人为控制"下，这已成为越来越多人的共识，这将要求该技术是可预测的，要求使用者可以拥有相关信息，有能力及时进行人类判断和干预。

其他国家开始面临行动起来的压力。2017年11月，就在自主武器问题专家组首次联合国会谈之前，澳大利亚总理收到一封信，呼吁澳大利亚成为下一个呼吁在致命性自主武器发明前就明令禁止的国家。这封信是由100多名澳大利亚大学的人工智能和机器人研究人员签署的。为了获得充分关注，我撰写、整理了这封信件。加拿大总理也收到了一份类似的请愿书，由200多名加拿大人工智能研究人员签署。这一请愿行动是由我的同事伊恩·克尔（Ian Kerr）教授所组织的。他担任渥太华大学法学院伦理、法律和科学研究中心主任。

澳大利亚的这封信认为，缺乏人类有效控制的致命性自主武器明显触犯了道德底线，这处于错误的一边。因此，政府应该宣布提名对此类武器禁令的支持。这封信还说，"通过这种方式，我们的政府可以恢复其在世界舞台上的道德领导地位，正如先前在其他领域（如核武器不扩散）所表现的那样"。加拿大的这封信也表达了类似的意见。

澳大利亚赢得联合国人权理事会的席位之后，解决致命自主武器问题对澳大利亚来说更加紧迫。自主武器从根本上讲是人权问题。人权委员会特别报告员克里斯托夫·海恩斯（Christof Heyns）教授是第一位呼吁联合国解决自主武器问题的人，他在2013年提出，机器不应该拥有决定人类生死的权力。[1]

在过去的几年时间里，人工智能及机器人技术研究者已经发出了明确且一致的警告：自主武器极可能导致军备竞赛。而现在，我们可见的军备竞赛已经开始了。我们还警告过，在战场上引进自主武器会带来相当大的技术、法律和道德风险。与全球气候变化问题一样，对此，科学界也有一些不同的声音。有人说，

---

[1]　　参 见 Christof Heyns（2013）*Report of the Special Rapporteur on Extrajudical, Summary or Arbitrang Executions*, Uniteel Nations Human Rights Council.

我们需要的是暂停而非禁止。但绝大多数人都认为其中存在相当大的危险，需要在其发明前就明令禁止。

禁令的替代品

英国的立场是，完全自主的武器会违反现有的国际人道主义法，英国将永远不会发展此类武器，而且不需要新的条约来处理这一问题。第一点主张是有道理的。但后者却不然，因为我们无法予以保证。历史上，英国自己也秘密开发了化学武器及生物武器。历史也从反面证明了其谬误，整个20世纪，新技术的出现不断要求国际人道主义法律要与时俱进。

英国提议，禁令可被第36条取代。1977年，《日内瓦公约第一附加议定书》第36条将落实新武器的合法性审查确认为各缔约国的国家义务，要求各缔约国建立国家层面的审查机制，审查新的武器、手段及战争形式以确保符合国际人道主义法。英国对任何新的武器系统都会进行这样的审查。

在我看来，由于种种原因，第36条议定并非令人满意。第一，没有公认的武器审查标准，我们如何才能确保俄罗斯在审查新武器系统方面与英国一样强硬？第二，没有任何武器系统未通过第36条审查的先例，但这并不意味着第36条议定实际上能成功地使任何技术远离战场。第三，目前只有少数国家正

在进行第36条议定，而且只是那些有义务公布审查结果的国家
而已。

避免这样的未来

我们正站在这个问题的十字路口之上，我们可以选择什么都
不做，让武器公司开发、销售致命性自主武器，但这将会把我们
带到非常危险的境地。或者我们可以大声疾呼，呼吁联合国立即
采取行动。

学界已发出了明确的信号，工业界亦然。根据我在世界各地
讨论此话题的经验，大多数公众也坚决支持禁令。益普索在2017
年对23个国家的调查发现：在大多数地方、大多数受访者反对完
全自主武器。

在过去大多数武器问题上，我们采取行动总是晚于其投放使
用。我们不得不观察到第一次世界大战中化学武器的可怕影响，
这之后采取了行动——1925年提出《日内瓦议定书》。我们不
得不亲见广岛、长崎恐怖的原子弹事件，不得不经历几次冷战
中的侥幸事件，而后才着手禁止核武器。[1] 我们只有面对致盲
型激光武器时，是在其使用前就先发制人，发布了禁令。只此

---

[1]　2017年，58个国家签署了《联合国禁止核武器条约》，其中7个国家批准了该
条约。它将在美国50个州政府批准后生效。没有一个核武器国家或北约成员国（荷兰
除外）签署过该协议，因此，我们还没有看到它对核裁军的影响。

一例。

我担心的是，在我们鼓起勇气取缔致命性自主武器之前，我们必须亲眼看见它们的可怕后果。无论发生什么，到2062年，机器决定人类生死之事必须被视为不合乎道德，这样，我们才能避免走上这条可怕的道路。

06
人类价值观的终结

到2062年，人工智能可能会使事情变得更糟。到那时，无论是否经过设计，我们可能已经把影响我们生活的大部分决定交给了机器，而这些机器不会分享我们的人类价值观。

自主武器是个鲜明的例子，证明了技术变革是如何威胁到维系社会的核心人类价值观的。我们知道人类享有一些基本权利，例如，思想、良心、宗教自由等权利。我们关心病人和老人，希望每个人都能得到"公平对待"，希望实现男女平等。种族或宗教也不应该是我们判断一个人的基础。

在坏消息的反复循环中，我们似乎很容易忘记地球上每天随处可见的诸多善举，像收养孤儿的家庭。在发展中国家，医生免费为病患治疗白内障。一位肾脏捐献者带来了一系列的移植，救治了更多人。我们也不要忘记那些小小的善行：为老邻居下厨做饭的人，将一张10美元钞票放在流浪者杯中的人，一个在你被绊倒时抓住你手臂的素不相识的人。

这些善举定义了我们自身。我们已成为这一星球上的主要物种，不仅因为我们最聪明，也是因为我们会合作。我们把自己组织成家庭、社团、城镇与国家。网络效应及其他规模经济使我们拥有超乎地球上的其他物种的绝对优势。

通过合作，我们活在达尔文进化论之外，不再是"适者生存"。事实上，我们为保护弱势群体而自豪。1900年，三分之一的儿童在五岁之前就死亡了。今天其死亡率已降至不及从前的二十分之一。自1990年以来，已有超过10亿人脱离赤贫。在过去的300年时间里，预期寿命翻了一番。人类并不完美，但人类却经常互相关心。

然而，我们不能把人类所秉持的共同价值观视为是理所当然的事情。社会日益分化，民族主义、分裂主义运动正在兴起，种族主义仍然很普遍。许多基本的人类价值观处于威胁之中。到2062年，人工智能可能会使事情变得更糟。到那时，无论是否经过设计，我们可能已经把影响我们生活的大部分决定交给了机器，而这些机器不会分享我们的人类价值观。

有偏见的机器

如果你要求谷歌翻译将"她是医生"翻译成土耳其语，然后再将结果翻译成英语，得到的会是"他是医生"。但如果你要求谷歌翻译将"他是个保姆"翻译成土耳其语，然后将结果再翻译成英语，你就会得到"她是个保姆"。土耳其语是没有词性之分的，所以，"他"和"她"都被翻译成同一个词——"o"。但当谷歌翻译回英语时，它便显示出一些对医生与保姆颇为落伍的偏见。因此，我们很担心许多人类一直努力克服的偏见将会经由机器传递下去。

读者可能想知道我是否有意选择了这些例子，并想让我从谷歌翻译中找出更多的数据。但要记住，在土耳其语中，"o"既可以是"他"，也可以是"她"。

土耳其语	英语
他/她是个厨师	她是个厨师
他/她是个工程师	他是个工程师
他/她是个护士	她是个护士
他/她是个士兵	他是个士兵
他/她是个老师	她是个老师
他/她是个秘书	他是个秘书

土耳其语	英语
他/她是个情人	她是个情人
他/她被爱着	他被爱着
他/她结婚了	她结婚了
他/她单身	他单身
他/她不开心	她不开心
他/她很开心	他很开心
他/她很懒惰	她很懒惰
他/她很勤奋	他很勤奋

我还可以很容易地选择其他翻译服务，像微软翻译。我也可以找到其他语言中的对照组。例如，当在德语和英语之间进行翻译时，谷歌翻译将"幼儿园老师"译为阴性的"幼儿园女老

师"，而"老师"则转化为阳性的"男老师"。

这种性别歧视的原因是，所有这些翻译服务，像许多机器学习算法一样，都是基于统计数据的。这些统计数据是通过培训包含这种性别偏见的文本集而产生的。阴性的"幼儿园女老师"一词比阳性的"幼儿园男老师"更多见。因此，它们反映了书面文本中已经存在的偏见。但这种偏见大多数人并不想永久刻印在我们的社会中。如果我们，或者更确切地说，谷歌或其他书面翻译技术公司——足够小心的话，这种问题是可以避免的。

我们还有其他算法产生偏差的例子。例如，美国卡耐基梅隆大学在2015年的一项研究发现：谷歌为男性提供的高收入工作广告比为女性提供的多。[1]与许多批评者不同，我并没有直接将这种偏见归咎于谷歌。据我们所知，该结果可能来自广告商的算法，也可能来自谷歌的搜索引擎。但是，无论谁的算法是这种偏见的根源，若女性继续得到比男性工资低的工作，肯定不会有助于打破性别歧视。

谷歌和脸书等大型科技公司必须为此负责任。即使他们免费提供服务，也有责任停止偏见的继续存在。科技公司鼓吹这样一种论调：算法不包含无意识的人类偏见，而是无目的地提供最好的结果。这一谎言让科技巨头们免于为算法负责，也省去了解决问题的麻烦。

---

[1]　参 见 Amit Datta, Michael Carl Tschantz & Anupam Datta (2015) 'Automated Experiments on Ad Privacy Settings: A Tale of Opacity, Choice, and Discrimination', *Proceedings on Privacy Enhancing Technologies*, vol. 1, pp. 92–112.

的确，正如谷歌研究部主任彼得·诺维格（Peter Norvig）所观察到的，人类是可怕的决策者。行为经济学家发现：我们充满偏见，而且我们经常表现得不合理。但如果我们不小心的话，我们会制造出和我们一样带有偏见的机器。事实上，现在的算法往往比人类更差。与人类不同，许多算法无法解释他们如何做出决定，而只是暗箱操作，直接提供答案。对一个人来说，我们总是能询问他为何做了某个特别的决定。但是，对今天的大多数人工智能来说，我们不得不接受它给出的答案。

不道德的COMPAS

到2062年，若我们没有采取确定的措施来限制算法偏差，那么，算法偏差将普遍存在。目前已有很多例子表明它已经对我们的社会发出了挑战。让我们来看一个来自美国的例子：有一个由Northpointe公司开发设计的机器学习算法，叫作Compas。根据历史数据进行培训后，它成为一个已被定罪的罪犯再次犯罪概率的评估工具。

现在，您可以使用这样的机器学习算法，帮助最脆弱的人远离监狱，获得缓刑。我怀疑几乎人人都会认同这将是种很好的技术应用，可能会使社会变得更美好、更安全，但这可不是Compas的正确使用方式。法官们使用它来帮助自己决定判刑、保释与缓刑。不用说，这更麻烦。一个程序真的能像一个有经验的法官那样做出同样的决定吗？它能考虑到人类法官在决定某人的刑罚时会考虑到的所有微妙因素吗？

假设到2062年，我们有了一个可以考虑所有这些微妙因素的计算机程序，而这个程序实际上比人类的判断更准确。我们能为继续让人类法官进行裁决而辩护吗？我们在道义上是否不得不把这样的决定交给一台高级机器去做？

这个故事很有意思。美国非营利性新媒体Propublica在2016年进行的一项研究发现，Compas预测黑人被告再次犯罪率会比实际情况更高；同时，它预测白人被告再次犯罪率将比实际低。[1]所以，黑人可能会因一个带有偏见的程序而被非公平地监禁，并且监禁时间超过白人。而那些将会重复犯罪的白人却很可能被释放回社会。我很怀疑Northpointe程序员并非有意设计了这个含种族歧视的Compas算法，但事实就在眼前。

我们不知道为何此种偏见会出现。出于商业原因，Northpointe拒绝透露Compas工作细节。这种保密理由本身就是令人不安的。然而我们知道，该项目是根据历史数据进行培训的，历史数据可能存在种族歧视。输入的不是种族，而是邮政编码。在很多地方，这是个很好的种族象征。也许在黑人社区有更多的警察巡逻，所以黑人更有可能被抓到犯罪吗？也许警察有种族偏见，更可能阻止黑人犯罪吗？也许贫穷导致了许多犯罪，而且，由于某

---

[1]　参见 Julia Angwin, Jeff Larson, Surya Mattu & Lauren Kirchner, 'Machine Bias', *ProPublica*, 23 May 2016.

些邮政编码所在的地区更为贫穷，所以，实际上我们正在惩罚的是贫穷吗？

一旦我们识别出此类机器的偏差所在，我们就可以尝试消除它。我们必须决定机器学习程序的预测在种族上是公正的，这意味着要确保它经过训练以避免偏见。即使我们这样做，我们是否应将这些决定权交付机器仍是有争议的。剥夺人的自由是我们社会中所做出的最困难的决定之一。我们不应高高举起，轻轻落下。当我们把这些决定外包给机器时，我们将人性的重要部分移交给了机器。

尽管对Compas的负面报道相当多，但它的错误似乎依然会反复出现。2017年，英格兰东北部的警察开始使用机器学习帮助他们决定是否拘留嫌疑人。此处危害评估风险工具的训练数据来源有：警察记录的数据、嫌疑人的犯罪史、筛选后的人口统计信息。这些数据都用于评估嫌疑人在获释后再犯罪的可能性。其中，邮政编码是用来进行预测的众多影响因素之一。

这类算法也被用于其他一些相关的设置中。自2010年以来，宾夕法尼亚州缓刑与假释委员会一直在使用机器学习来帮助下达假释决定。伦敦的大都会警察使用了埃森哲公司（Accenture）开发的软件来预测哪些帮派成员最有可能犯下暴力罪行。包括加利福尼亚州、华盛顿州、南卡罗来纳州、亚利桑那州、田纳西州和伊利诺伊州在内的几个美国州警察正在使用软件来预测犯罪最有可能发生在何时何地。在所有这些应用中，没有人对正在使用的程序是否带有偏见进行监督。

算法歧视

如你所见，算法会做出含有偏见的决定，原因之一是它们是经过有偏见的数据训练的。Compas程序经数据训练后用于预测谁会再次犯罪，但训练数据中却没有囚犯实际再犯的数据。我们不知道谁会再次犯罪。有些人会再犯却不会被抓住，而我们只知道那些被逮捕、定罪的囚犯。因此，培训数据可能包含种族及其他歧视，这反映在项目的预测结果中。

麻省理工学院媒体实验室的研究生乔伊·布拉马维尼（Joy Buolamwini）创办了算法正义联盟（Algorithmic Justic League），以挑战决策软件中的这种偏见。作为一个黑人，她发现计算机视觉算法很难识别她，为了能被识别，她甚至要戴上白色面具。她认为有偏见的数据是这个问题的根源。

在面部识别社区中，我们有基准数据集用于显示各种算法的性能，以便你对它们进行比较。有一种假设说，如果你在基准测试上做得很好，那么你的整体表现也会很好。但是，我们没有质疑基准测试的代表性。所以，如果我们在基准测试上做得好，我们会给自己一个虚幻的"很有进展"的概念。我们现在反思来看，结果就很明显了。在实验室进行研究的时候，我理解这是某种"走廊测试"[1]——你很快连缀好一切，有一

---

[1] 公司用来测试产品或广告的一种方法，在这种方法中，随机挑选者（例如，经过走廊的人）被要求尝试使用产品或服务，并被征求意见。——译者注

个最后期限，我就知道为何会出现这些偏差。收集数据，特别是收集各种各样的数据，不是一件容易的事情。[1]

人脸识别中使用的最大基准之一为人脸识别数据集（Labelled Faces in the Wild, LFW）。该数据集于2007年发布，包含了13,000多张从网络新闻中收集的人脸图片。最常见的面孔是乔治·W.布什（George W.Bush）。数据集中，男性占77.5%，白人占83.5%。很明显，新闻中的人并不能代表更广泛的人群。

但是，在计算机视觉社区中使用的图像集则更为多样。例如，2013年发布的"10万美国成人面孔数据库"包含10,168张面孔，旨在精确匹配美国的人口分布（根据年龄、种族和性别等变量）。脸书拥有数十亿张照片供其深入研究：因为几乎所有注册脸书的人都会上传一张照片。脸书真的是一本非常大的脸谱。因此，目前一点也不清楚的是，人脸识别所遇到的一些障碍是不是由于缺乏各种各样的训练数据。

还有一个简单因素可能导致这种偏见继续存在，这对许多出于善意的自由主义者来说可能更具挑战性。在人类身上，有证据表明，人们在识别自己族群内的人方面明显优于识别自己族群外的人。这就是所谓的"跨种族效应"，不同年龄组之间也有相似的影响。因此，人脸识别软件可能正在复制这一点。有种解决

---

[1]　Ian Tucker, '"A White Mask Worked Better": Why Algorithms Are Not Colour Blind', *The Observer*, 28 May 2017.

方案可能是为不同的种族组、不同的年龄组训练不同的人脸识别算法。

语音识别中有一个类似的现象。要提高男性及女性声音识别的准确性就需要不同的软件。因此，同样地，人脸识别软件中的种族偏见可能不是因为有偏见的数据，而是因为我们需要使用不同的程序来识别不同的种族。

"大猩猩之争"

鉴于人脸识别主要是识别人脸，因此，人脸识别软件尤其容易受到种族主义指控或许并不奇怪。2015年，杰基·阿尔金（Jacky Alciné）发现谷歌图像识别算法把他与黑人女友的照片标记为"大猩猩"。他在推特（Twitter）上简洁地描述了这次人脸识别的失败：

"谷歌图片，混蛋！我朋友不是大猩猩。"

由于这个问题没有简单的解决方法，谷歌只是简单地把"大猩猩"标签全部删除了。许多观察家认为，问题在于有偏见的数据。我们不知道谷歌图片在训练时使用了什么数据，但问题可能仅仅是人工智能程序（尤其是，神经网络是脆弱的）在人类不会出问题的时候坏掉了。

谷歌图片有时也会给白人标记为"海豹"，但人们不会像黑人被标记为"大猩猩"那样感到被冒犯。当你或我在标记某张照片时，我们都明白把一个黑人误标为"大猩猩"会是极大的冒犯，但是，人工智能程序没有这样的常识。这种标记是种族主义行为，我们很重视。但事实上，图像识别没有常识，也不知道何为冒犯。

这突出了人工智能和人类智能之间的一个根本区别。作为人类，我们在任务上的表现往往会随着任务的变化而温和地削弱，但是人工智能系统经常以灾难性的方式崩溃。当把更多的决策权交给机器时，我们必须牢记此事。尤其是当生命危在旦夕时，我们需要非常清楚，人工智能系统可能会以与人类不同的方式直接失效，且失效得往往更为严重。

有意的偏见

很多算法被有意设计成含有一定的偏见。2012年，《华尔街日报》（*Wall Street Journal*）发现，旅游网站奥尔比茨（Orbitz）为苹果电脑（Mac）用户提供的酒店比使用微软（Windows）系统电脑的价格更贵。[1]奥尔比茨声称，他们不会以不同的价格向两类不同的用户展示同一个房间。但我们只能听到公司类似的说法。无论如何，奥尔比茨都更有可能为苹果电脑用户提供精装房

---

[1]　Dana Mattioli, 'On Orbitz, Mac Users Steered to Pricier Hotels', *The Wall Street Journal*, 23 August 2013.

或套房，而只是为微软用户提供基础房间。奥尔比茨甚至厚颜无耻地表示，它正在满足客户的需求，因为苹果电脑用户每晚的花费比微软用户高30%。

没有什么能阻止动态定价的进一步发展，不同用户在同一酒店同一房间里也有不同价格。我目睹了很多这样的案例：订同一辆车，作为"黄金会员"，奥尔比茨给我提供一种价格，比作为"游客"预订的价格更贵。在繁华的商业街上，我们已经习惯了每个人都能以同样的价格消费。对某些团体来说，同样的商品或服务收取更多的费用会损害我们的公平竞争意识。

动态定价似乎不公平，但在大多数国家却是合法的。合法的前提是定价不是基于种族、宗教、国籍或性别制定的，且不违反当地的反垄断法。网络市场为零售商提供了更多动态定价的机会。而且，通过寻找那些似乎暴露出我们对价格的不同敏感度的特征，例如，我们正在使用的操作系统，在线零售商很可能会增加他们的利润。

但我们不必忍受这些，我们可以简单地要求所有在线消费者都能获得相同价格。在许多市场中，我们已限制了价格歧视。例如，2012年，欧洲法院裁定保险公司不能向男性和女性收取不同的保险费。因此，欧盟的汽车、健康和人寿保险的费用不再取决于被保险人的性别。

具有讽刺意味的是，其实我们有理由要求保险费根据性别有所区别。女性比男性更小心驾驶，女性比男性活得更长。这意味着男性应该为汽车保险及人寿保险公司上交更多的保费。向男性收取更多费用也是合理的。为什么女性应该为男性的危险驾驶买单？这只会鼓励男性继续危险驾驶汽车。

向男性收取比女性更多的人寿保险费似乎也不太合理。大多数男性无法选择自己的性别。然而，男性的行为及生活方式，还有男性的遗传因素会导致男性比女性更早死亡。这可比基于不同计算机操作系统的区别对待更值得质疑。也许我们应该决定立法反对这种定价？

最终，将价格歧视推向极端会破坏买保险的意义。保险的重点是通过将风险分散到更大的人群中来保护个体。价格歧视则会把这种风险推回到个体身上。作为一个社会，我们为许多人接受稍微多一些的保险费就能保护那些没那么幸运的人，我们应该让技术破坏这种团结协作吗？

非法的偏见

还有一些例子也揭示了一些故意嵌入非法偏见的算法。例如，2015年发现大众汽车在其部分柴油车上安装了一个复杂的软件算法，该算法仅在官方测试过程中启用了完全排放控制。这样可以使氮氧化物的排放量产生偏差，使发动机产生的污染低于实际污染。大众公司现在面临超过300亿美元的罚款及其他处罚。

另一个例子出现在2017年，当时优步被发现非法使用"灰球"软件来躲避执法人员的监管。优步通过地理隔离政府办公室、与政府官员相关的信用卡信息、社交媒体等，试图阻止政府官员使用其应用程序。

两例事件都涉及汽车这一事实应该让我们停下来思考一下。在开发自动驾驶汽车、电动汽车、卡车及新型交通方式来改变交通运输的竞争中，我们可以预测，更多的运输公司将倾向于使用算法来从事非法活动，数万亿美元将处于危险之中，而潜在的回报却是巨大的，并且，我们很少有安全措施来预防此类情况的发生。

何为公平？

在将决策移交给算法时，我们必须更加明确公平的含义。计算机在解释指令时是完全按照字面意思来的，它们也常常令人沮丧。因此，如果我们要"教"计算机公平行事，就必须非常准确地知道公平实际上是什么。

让我们回到Compas程序，为了减少对种族问题的讨论，让我们来看下该程序对男人与女人的公平意味着什么。这种公平应该与性别无关，应该忽略这个因素。但这实际上又意味着什么？

我们可以尝试将几种不同类型的"公平"编码到我们的编程中。公平的一个简单衡量标准是，预测男性再次犯罪的比例应与女性再次犯罪的比例相同。但这个结论太粗糙了。女性可能比男性犯罪更少。为了确保男女假释比例相同，实际上，我们可能要面临的情况会是关押更多的女性或释放更多危险的男性。

对公平的一个更好的衡量标准是，该项目的总体准确性对男性和女性来说是相同的。也就是说，对男性和女性而言，被错误分类的比例应该是相同的。如果有更多的女性被错误分类，尤其是，如果更多的女性被错误分类为可能再次从事犯罪行为，那么，女性应该感到愤怒。

而将整体准确度作为公平的衡量标准，其问题在于，正确预测那些将要再犯的人可能比正确预测那些不会再犯的人更重要。释放将要再犯的人可能比不释放将要再犯的人"代价"更大。"冤枉无辜"和"放纵坏人"二者应该是同样重要的。这也违背了布莱克斯通错误比例（Blackstone's ratio），即可以容忍政府及法院放错人。威廉·布莱克斯通（William Blackstone）爵士在他17世纪的开创性著作《英格兰法律评论》（*Commentaries on the Laws of England*）中写道："宁可让10个有罪之人逃离处罚，也好过于让无罪之人遭受痛苦。"

第三种衡量公平的标准则将这两个群体分开。我们可能会质疑男性的误报率和漏报率与女性相同。漏报率是指那些被预测不会再次犯罪者却再犯的比例。误报率是指那些没有再次犯罪者中被预测会再犯罪的比例。如果女性的误报率高于男性，那么女性会义愤填膺，结果是有更多的女性被错误地监禁，这是对的。同样，漏报比误报对社会更具破坏性。因此，我们可能希望更重视减少漏报率。

公平性的第四个衡量标准与前者背道而驰。我们可能会质疑，对男性与女性的预测失败及成功的误差率相同。失败的预测误差率是预计不会再次犯罪的人中实际再犯的那些，将预测不会再犯而实际再犯者的数量除以那些预计不会再犯者的数量。与漏报率相比，漏报率是预测不会再犯罪的人数除以再犯罪的总人数。

同样，成功的预测误差率是预测会再次犯罪的人的比例。成功预测的误差率是将预测会再次犯罪而没有犯罪的人数除以预测会再次犯罪者的数量。与误报率相比，误报率将预测会再犯而没有再犯者的数量除以未再发生犯罪行为的总人数。如果女性的成功预测误差率高于男性，结果是更多的女性被错误地监禁，那么，女性将再次感到愤怒。同样，失败预测误差率对社会可能比成功预测误差率更重要，因为将再犯者释放到社会中可能比关押在监狱中更为"昂贵"。但那些被不公平地关押起来的人可能不同意，我们必须以某种方式平衡其自由与更广泛社会的安全。因此，我们可能希望对这两种错误率进行不同的处理。

我们可以实行其他的公平措施，例如，误报率和漏报率，或者对"相似"个体的平等对待，但这对我们的讨论并不重要。关键在于公平会有许多不同的侧面，且公平并没有一个简单的定义。事实上，在社会内部经常有一个关于在特定语境下应该寻求何种公平的讨论，而且这种讨论应该经常有。在将有关这些问题的决定移交给机器时，我们需要仔细考虑在既定环境中，公平意味着什么。

透明度

在机器做决策过程中，透明度也是至关重要的。我们希望机器不仅能够做出公平的决定，还能够在做出决定时保持透明度，以建立我们对其公平性的信心。这是当今人工智能系统所面临的主要挑战。像深度学习这种流行方法所产生的系统不能以任何有意义的方式解释其决定。决策的下达往往是经过某个人终其一生也无法企及的数据量训练后所产生的结果。

当然，人类决策通常也不是很透明的，且我们在事后的决定中"编造"某种解释也是有目共睹的。但有一个根本的区别是，我们可以让人类为其决定负责。若我的决定特别糟糕，导致某人死亡，我将面临过失杀人的指控。但实际上，我们不能以类似的方式跟机器算账。因此，机器能够解释其决策显得更为重要。

透明度将有助于给系统带来信任。若某医疗应用程序建议你要进行危险的化疗，大多数人都会愿意选择一个透明的系统，它能解释如何诊断你患有癌症，解释为何化疗是最好的治疗方案。透明度也有助于在系统出错时纠正它。

当然，在有些领域的透明度当属奢侈品。我们可能不会坚持要求核电站的控制软件解释为何要关闭反应堆。如果这意味着我们可以避免灾难性的巨大风险，我们可能要暂时忍受断电带来的不便。

谁的价值观？

一旦我们开始将公平等价值观编程到我们的计算机系统中，我们就面临挑战：如何精确地决定编程中的价值观到底是谁的价值观。当然，有些来自我们的法律体系。例如，自动驾驶汽车需要遵守当地的驾驶法规。在英国，右侧车道为超车道，红灯亮时禁止转弯。而在美国，你可以从左、右车道超车，红灯亮时有时也可以转弯。

但并非所有的价值观都是由精确的法律规定的。即使是这样，也有许多法律注定要被违反。例如，我们发现，自动驾驶汽车不可能永远遵守交通规则。密歇根大学交通研究所（University of Michigan's Transportation Research Institute）2015年的一项研究发现，自动驾驶汽车每行驶100万英里就有9.1次车祸，而人类驾驶的汽车只有4.1次车祸。[1] 尽管它们造成了更多起车祸，但自动驾驶汽车很少出错。而可能间接导致这些事故的原因是它们太过严苛地遵守法律。其中，许多事故是自动驾驶汽车被追尾了。如果你被追尾了，基本上总是对方在技术上犯了错。但遇到黄灯后刹车会增加被追尾的风险。许多人类驾驶员犯了轻微的违法行为，例

---

[1]　在研究的数据集里面，只出现了11起自动驾驶汽车撞车事故，事故率的误差幅度足够大，因此，在统计上，自动驾驶汽车仍然比人工驾驶汽车更安全。然而，你希望看到更具典型性的自动汽车驾驶情况。因为，几乎自动驾驶汽车行驶的路程都是在良好的天气下的。有关详细信息，请参见 Schoettle & Michael Sivak (2015) *A Preliminary Analysis of Real-World Crashes Involving Self-Driving Vehicles*, The University of Michigan, Transportation Research Institute, Technical Report UMTRI-2015-34.

如，在黄灯下继续行驶或超车时超过限速。其中一些轻微的违法行为减少了事故数量。自动驾驶汽车可能也将不得不考虑自己要这么做。

我们还需要统一某些可能与实际法律无关的设定。例如，驾驶规则并没有规定我们对其他人所表现的礼貌行为，也没有规定我们的驾驶习惯。你的车头灯闪烁是否意味着另一个司机应该驶出十字路口？还是说前面有危险？又或者你的车出现了问题？自动驾驶汽车需要了解相关情况，并在需要时自己执行这些操作。有时，这些行为会涉及艰难的道德选择。

电车难题

围绕自主汽车的伦理困境已经以"电车难题"的形式进入了公众的讨论：经典的电车难题涉及驶向的电车轨道，它要求你做出艰难的生死抉择。下面是非常经典的场景。

有五个人被绑在电车驶向的轨道上。你站在人与电车之间，旁边是拉杆。如果你拉动这个拉杆，电车将切换到侧线。这似乎听起来很简单，但是，侧线里还有一个人被绑在铁轨上。你有两个选择：要么你什么都不做，让电车轧死主轨道上的五个人；要么你拉杆，把电车转到侧线上，但会轧死那里的一个人。你会怎么做？

"电车难题"也有不少变体，都是让人进退两难的问题，比如，从一个人身上移植器官以挽救多人的生命，还有把人关起来还是杀掉。这些问题都暴露出伦理的差异，例如，在行动与不行动之间、某些与预期结果之间、直接影响与潜在副作用间的差异。[1] 你可以自己上网做做这些两难问题。麻省理工学院的道德机器可以让你解决电车难题。[2] 它甚至可以让你为别人出一些道德困境题来做。道德机器的目标是建立来自人类经验的场景，以便使机器知道面对这种道德困境时应如何做出决定。

道德机器是麻省理工学院媒体实验室公共宣传的一个很好的例子。但是，正如一些人工智能领域的研究人员所建议的那样，我们尚不清楚是否应该赋予机器这样的道德标准。[3] 即使道德机器已经收集了超百万的潜在执行者的做法，但也有许多理由不让机器复制这些人的选择。这与在网站上答题与手握汽车方向盘有意识地撞倒某个人大不一样。也会有人故意作对：我曾经在道德机器上试过当决定没必要杀死更多人时会发生什么。道德机器并不收集人口相关信息，因此无法确保抽样代表更广泛的人。即使

---

[1]　人们很少注意到 50 多年曾前出现了某种现代意义上的电车难题。时人以此来讨论至今仍然困扰社会的这种道德困境：妇女生命危险时堕胎的道德问题。参见 Philippa Foot (1978) *The Problem of Abortion and the Doctrine of the Double Effect in Virtues and Vices*, Oxford, Basil Blackwell (originally appeared in The Oxford Review, no. 5, 1967).

[2]　参见 moralmachine.mit.com.

[3]　"我们认为，事实上，决策的过程可以自动进行，即便缺少基本原则，也可以通过综合人们对道德困境的看法而实现。"参见 Ritesh Noothigattu、Neil Gaikwad、Edmund Awad, Sohad D' Souza, Iyad Rahwan, Pradeep Ravikumar & Ariel Procaccia (2018) 'A Voting-based System for Ethical Decision Making', *Proceedings of 32nd AAAI Conference on Artificial Intelligence*.

假设它是有代表性的，或者可以说被设定为有代表性的，难道我们真的想让机器整体反映出模糊的社会平均水平吗？

很多人认为，到2062年，我们应该为机器设定比人类更高的道德标准。因为我们可以，因为机器比人类更精确，因为机器比我们思考得更快，因为它们没有我们有的缺点。

我们当然不愿意把本想从社会中消除的偏见植入机器中。这些正是道德机器所衡量的偏见。最后一个论点是：我们应该把机器设定到比人类更高的道德标准上，因为它们肯定可以，且应该为我们牺牲自己。

企业道德

企业很可能是最有责任为机器赋予价值观的执行者之一，这很有挑战性。因为从迄今为止的证据中可知：许多公司，尤其是技术公司，他们的道德规范都挺糟糕的。如果我们不采取行动改变这一点，这将会成为2062年的大问题。

许多这类科技公司都设在加利福尼亚州，那里曾经是资本主义激烈竞争开始与退出的地方。这些科技公司大多数是由许多传统企业、军事资金资助的。谷歌曾经有这样的座右铭："不作恶"。这应该是种预警，但诱惑就在那里。不是"让世界变得更好"或"给人们带来更大的幸福"。[1]

当然，这些大型科技公司极大地丰富了我们的生活。但我们开始发现，所有这些"免费"服务背后却有些隐藏成本。事实上，我们开始意识到他们的免费产品根本不是免费的。正如他们所说，当产品成本为零时，通常你就是产品。这些公司是世界上利润率最高的公司，他们可不是没有大量回报就能为我们提供免费服务的。

硅谷最受欢迎的哲学家之一是艾茵·兰德（Ayn Rand）。她将自由主义和资本主义思想危险地融合在一起，似乎已经被许多科技领域的人接受。任何形式的破坏都被认为是好的。总的来说，政府很糟糕。我们可以且必须由市场决定。但市场既不仁慈，也不高瞻远瞩。在许多领域，它需要被监管以确保我们都受益，并且可以获得一些共同的利益。

我可以举出很多例子。选个像优步这样的公司很容易，那就换个其他的。让我们来看看脸书，这个在人工智能领域大量投入的科技公司，在2014年出现了一场轰轰烈烈的风暴。据称，脸书在暗中操纵人们是快乐还是悲伤。脸书进行了一项实验，抑制了

---

[1]　在谷歌 2015 年重组为 Alphabet 公司后，公司的座右铭从"不作恶"改为"做正确的事"。这表明了一种更积极的企业伦理途径。但我不知道有哪位记者问了如此显而易见的问题：Alphabet 公司是否做了正确的事情？ Alphabet 公司是否为使用斯派克·李（Spike Lee）的话语提供了适当的补偿？斯派克·李的 1989 年经典电影《做正确的事》（*Do the Right Thing*）经常被列为有史以来最伟大的电影之一，我也这么认为。众所周知，巴拉克·奥巴马（Barack Obama）与米歇尔·罗宾逊（Michelle Robinson）第一次约会时看的就是这部电影。

68.9万名用户新闻订阅中的积极或消极帖子，看是否能让人们更快乐或是更悲伤。康奈尔大学的两名研究人员也参与了这项研究，但没有从一个独立的伦理审查委员会申请伦理上的许可。

现在，若我想对公众进行某个实验，我必须得到大学伦理审查委员会的批准，我也必须得到参与者的知情同意。我需要证明实验的风险很小，并尽力采取措施减轻任何潜在的伤害。但脸书的研究没有做到这一点。脸书假设用户在注册时同意了这些条款与条件。当然，这些条款、条件非常笼统，也没有伦理审查委员会的批准。无论在实验前，还是实验后，他们都没有像任何伦理审查委员会所要求的那样，让不幸的被试者知情。

当您运行A/B测试来决定在网页上使用什么样的蓝色阴影时，可能没有问题。[1]但当你故意让人们更伤心时，这是不能被接受的。在我看来，允许公司道德标准低于大学的道德标准是不可接受的。事实上，我们应该让公司标准高于大学标准，因为公司主要追求的是利润而非知识。[2]

由脸书其他行为引发的担忧也在增多。第二个例子是脸书最近推出了儿童社交软件（Messenger Kids），是专为6岁至12岁儿童设计的应用程序。公司的动机很明确：要想再获得10亿个用户，

---

[1] A/B测试是一种受控的统计实验，通过比较 A 和 B 两个变量来决定哪一个更有效。有件非常有名的事，玛丽莎·梅耶尔（Marissa Mayer）在谷歌担任产品主管时，曾用 A/B 测试尝试了 40 种不同颜色的蓝色，以找到超链接的最佳颜色。
[2] 考虑到大学现在更多的是由利润而非对知识的追求所驱动的，有一个相当讽刺的论点认为，在对公众进行试验方面，公司确实应该被视为大学。

那么，在孩子年纪很小的时候吸引他们是最好的办法。

但越来越多的证据表明，社交媒体会让人沮丧、焦虑、不开心。事实上，甚至脸书也承认社交媒体对人们的心理健康有害。那么，脸书是否应该鼓励处于易受影响年龄段的年轻人更多使用社交媒体呢？

美国1998年通过了旨在保护13岁以下儿童的《儿童网络隐私保护法案》（*Children's Online Privacy Protection Act*，COPPA），不允许社交媒体公司有儿童注册，有关儿童的任何信息披露都需要家长同意。而脸书辩称，其新推出的儿童社交软件应用程序已获得儿童发展、媒体与网络安全领域专家咨询委员会的批准。但美国著名《连线》（*Wired*）杂志后来发现，这些专家中的大多数人均获得过脸书的资助。

那么，脸书是否应该更努力地将13岁以下的人从平台上移除，而非让他们更容易登录呢？马克·扎克伯格（Mark Zuckerbery）甚至发誓要在某个时刻为推翻《儿童网络隐私保护法案》而奋斗。[1] 在未来的几年里，我们会怀念那些更纯真的时代吗？那时，我们还没有让孩子们暴露在起伏不定的社会媒体中。

脸书的使命宣言是："赋予人们建立社区的力量，让世界更紧密地联系在一起。"2017年，Propublica发现，该公司的算法会将广告专门推荐给犹太仇恨者或其他反犹太组织，出现了歧视老

---

[1]　Michael Lev-Ram, 'Zuckerberg: Kids Under 13 Should Be Allowed on Facebook', *Fortune*, 20 May 2017.

年人的招聘广告，还倾向于让自己的工作广告偏向年轻人。很难看出这样的商业活动能建立社区，使世界更紧密地联系在一起。

消除偏见

消除偏见听起来不错，但却不太可能。如果亚马逊给你推荐了一本书，线上交友网站给你推荐了一次约会，或者招聘网站给你推荐了一份你可能喜欢的新工作，这种对选择某本书、某个对象或某份工作的偏好就超过了其他所有的选择。事实上，机器学习有个大问题是机器学习算法在学习过程中对某种类型假设的偏好。这种偏差通常被称为"归纳偏好"，这是输入数据之前没有遇见过而用于预测结果的一组假设。

偏见甚至是可取的。我们可能希望大学招生程序偏向贫困地区的生源，或者让贷款偏向于那些最不可能违约的人，或让机器翻译避免其语料库中的性别歧视，或者自动驾驶汽车倾向于让路给行人及骑行的人。

这种可以改变偏见的工具确实存在，去掉不需要者，增加更可取者。比如，我们可以尝试提高算法的准确性。也许我们需要对更多进行培训的数据或添加其他特征，或更改模型，以提高其准确性。另一种选择是将某些答案列入黑名单。正如我们之前所见的，谷歌将"大猩猩"列入黑名单，不再使之成为谷歌图片所含的标签，但通常黑名单的问题是难以确保其完整性。当然，你可以把这个问题抛到脑后，用白名单列出可接受的答案。但是这样的话，你可能会错过很多有用的新答案。

另一种处理偏差的方法是从数据集中清除一些引入所不需要偏差的特征。若不希望贷款决策依赖于种族，那么就不要将种族输入其中。但仅仅从数据集输入中消除种族是不够的。正如我们所见，数据集中可能还有其他与种族联系紧密的特征，如邮政编码。我们可以删除这些相关特征，但删除过多的特征又可能会影响准确性。我们还可以更改数据集本身。如果数据集过度代表男性，我们可以选择增加数据集女性的数量。也许可以修改数据集，使其与更广泛的人口统计学指标相符。

最后，还有一个处理偏见的工具是意识。没有完美的方法来检测和改变人工智能系统中的偏差。但是，如果没有意识到偏见的存在，就没有改变的可能性。

哲学的黄金时代

哲学的黄金时代是什么时候？是苏格拉底、亚里士多德和柏拉图奠定哲学基础的时代吗？还是经常被称为"现代西方哲学之父"的笛卡尔的时代？或者是孔子及其弟子影响至今的儒家思想所产生的时代？例如，己所不欲，勿施于人。不过我认为，哲学的黄金时代即将开始。

接下来的几十年可能是哲学的繁荣时期，因为我们需要做出许多充满挑战和困扰的伦理选择。考虑到计算机的字面量，我们必须比以往任何时候都更精确地评估我们的价值观，因为我们要赋予人工智能系统做出影响我们决策的能力。到2062年，每家大公司都将需要一名首席哲学官（CPO）来帮助公司决定其人工智能系统的运作方式。当我们考虑如何建立符合约定俗成的价值观系统时，计算机伦理学领域将会蓬勃发展。

最近一位朋友问我，如何说服他们的孩子不要在大学中学习哲学，而要学"更实际一些"的学科。我的回答则是：为他们孩子所选择的科目喝彩！我们迫切需要更多的商业、政府和其他领域的哲学家。没有他们，我们将不能保证2062年的人工智能系统反映人类价值观。最终，确保数码人比智人更合乎道德。

2069

07

平等的终结

不幸的是，人工智能又将进一步加剧不平等，将财富、权力集中在技术精英手中——除非我们在不久的将来采取纠正措施。

平等也是因技术变革而受威胁的人类价值观之一。当然，平等不会真正结束。社会出现后，不平等也应运而生，不存在真正的平等社会。人们生来就是为了更多的财富与更好的机会。两次世界大战之后，不平等短暂的消退期便结束了，社会不平等又加剧了。到2062年，我们可以看到社会中非常严重的不平等现象。因此，本章的标题也许应该是有些拗口的"减少社会不平等的终结"。

托马斯·皮克蒂（Thomas Piketty）等经济学家提出了一个强有力的观点：当资本回报率高于经济增长率时，资本主义经济中的不平等现象就会加剧。那么，本身富有的人不是因为劳动创造了财富，而是因为其原本就富有。从近几十年来的经济史来看，不平等现象已经在加剧了。

全球化与永无止境的全球金融危机等问题可能是加剧不平等的原因。不幸的是，人工智能又将进一步加剧不平等，将财富、权力集中在技术精英手中——除非我们在不久的将来采取纠正措施。

生活从未如此美好

100年前，美国、澳大利亚、英国的预期寿命大约是55岁。而今，其预期寿命已经到了80多岁。从某种程度上来说，作为一名成年男性，我的预期寿命每年都将延长一年。这是一个我能忍受的趋势。

赤贫人口有史以来首次降至全球人口的10%以下。早在1900年，极度贫困影响了地球上80%以上的人口。教育是产生这个变化主要的原因之一。几百年前，只有约15%的人可以阅读。如今全世界80%的人都识字。更令人欣慰的是，世界上90%的25岁以下人口都能阅读。极端贫困率的下降产生了巨大影响。现在，我们更可能死于肥胖而非营养不良。

虽然我们大多数人都感觉不到，但现在其实是历史上最不暴力的时期。伦敦每年的凶杀率已从15世纪的十万分之五十，下降到今天的不足十万分之二。尽管波斯尼亚（原南斯拉夫中西部）、卢旺达、叙利亚和其他地方发生了可怕的种族屠杀，但在过去的50年里内战的死亡率已经降低了90%。

但是，尽管世界各地最穷困者的生活一直在改善，他们与那些幸运的投胎者之间的差距正在迅速扩大。仅在2017年，地球上最富有500人的财富就增加了超过1万亿美元。现在，世界上最富有的8位亿万富翁与世界上最贫穷的一半人口拥有相同数量的财富。对大多数人来说，生活从未如此美好，尤其对那些非常富有的人来说。

最不适宜居住的地方

不平等现象最为明显的国家是美国。在经济合作与发展组织的35个成员国中，没有一个像美国这样不平等的国家，也没有一个经历过不平等如此急剧增加的国家。在美国，"最富有1%"人口的收入占国民收入的比例自1980年以来翻了一番，从总收入的11%增至20%左右。

这样看来，丹麦"最富有1%"人口的收入占国民收入的比例从5%上升到了6%。在荷兰，基本上没有超过6%的。我怀疑，丹麦和荷兰在"最宜居国家"的调查研究中常常名列前茅正因如此。其他一些国家最富有者的收入占国民收入的比例所增加的也超过1%。例如，英国"最富有1%"的收入占国民收入的比例从6%上升到14%，加拿大从9%上升到14%。但没有任何其他国家比美国的增长更快，也没有任何一个国家始于如此不平等的基础。

而被甩在后面的不仅仅是穷人。如此繁花似锦的经济，中产阶级却无法从中获利。根据经济政策研究所的数据，美国每小时工资的中位数几十年来几乎没有变化。2016年，工资中位数从1973年的16.74美元增加到2016年的17.86美元。随着医疗成本的不断提高及工作保障的不断下降，不少中产阶级都有理由感到自己被压榨了。

下渗经济学

有个不断鼓励我们接受"富人越来越富"这一事实的论点是：富人的财富将"下渗"并改善每个人的生活。还有人认为，对富人征税会抑制增长与创新。但我们几乎没有任何证据可以支持这两种论点。事实上，很多情况恰恰相反。

国际货币基金组织分析表明，增加穷人及中产阶级收入占国民收入的份额会促进经济增长；而增加前20%收入者所占份额，实际上则会减少经济增长。所以，当富人变得更富有时，利益不会下渗到穷人身上；但当穷人变富时，富人也会变富。[1]

2012年进行了一项有趣的下渗经济学实验。堪萨斯州州长萨姆·布朗巴克（Sam Brownback）实施了一项对企业和富人的大肆减税，却对低收入者不太减税的计划。5年后，该州的经济状况非常糟糕。每年有数千人失业。该州正在削减养老基金，并削减大学、医疗补助及其他服务的资金。2017年，堪萨斯州不得不败下阵来，撤销了减税政策。

在同一时期，加利福尼亚州做了相反的尝试。2012年11月，该州选民批准了30号提案，该提案临时提高了加利福尼亚州最富有居民的州所得税，并增加了营业税。这笔收入被用来资助学校

---

[1]　参考 Era Dabla-Norris, Evridiki Tsounta, Kalpana Kochhar, Frantisek Ricka & Nujin Suphaphiphat（2015）, *Causes and Consequences of Income Inequality: A Global Perspective*, technical report, International Monetary Fund, June 2015, SDN/15/13.

及偿还270亿美元的债务。自那以后，加利福尼亚州的经济增长是美国所有州中最强劲的。当然，其他因素，如大型科技行业无疑也促进了加州的经济增长，但对富人征税似乎没有什么坏处。

上一次有所不同

第二次世界大战结束后的一段时期，情况与如今有所不同。社会不平等现象减少，社会流动性增加。福利国家、劳动法、工会、普及教育以及地方变革（如美国的《退伍军人权利法》和英国的国民医疗服务制度）的引入创造了深刻变革的条件，现在可视之为一个相当不寻常的不平等现象减少时期。

这些变化是由一些社会巨大冲击所推动的：两次世界大战、两次战争期间的大萧条、冷战和核毁灭的幽灵。也许，全球金融危机和全球变暖等挑战将为近在眼前的人工智能所致的革命提供变革社会所必要的冲击？

我不太有信心。政治家既没有足够的勇气，也没有足够的远见卓识去采取行动。我们的政治体制不能赋予他们勇气及远见。要得到一个积极的结果，我们所必需的条件，远不止印刷钞票。我们需要考虑彻底改变我们的福利国家、税收制度、教育制度、劳动法，甚至政治制度。我不相信我们的讨论有足够的紧迫性。

防止重大气候变化可能为时已晚。我们现在必须设法应对其影响。同样，我担心我们不会迅速采取行动防止技术破坏瓦解社会。在写这本书的时候，我的目标之一就是想敲醒警钟和呼吁更迅速的变化。

公司不平等

财富不仅集中在富人手中，它还集中在一些非常强大的公司的银行账户余额上。再说一次，若我们不采取行动阻止这一点，到2062年，前景将十分惨淡。

数字市场通常是自然垄断的市场。胜利者获得一切。我们需要且只想要一个搜索引擎，一个即时通信应用，一个社交媒体服务。竞争是强制的。我们确实只有一个占主导地位的搜索引擎、即时通信应用与社交媒体服务。

2007年的第四季度，市值最多的上市公司是中石油、埃克森美孚、通用电气和中国移动。10年后，市值最多的四家公司都是科技公司：苹果、Alphabet、微软和亚马逊。而在2007年，只有微软跻身前十。

像谷歌这样的科技公司曾经认为他们必须保持竞争力。更好新企业随时可能出现，用户会瞬间更换其所使用的搜索引擎。但情况已非如此。其他公司没有数据或经济影响力与谷歌匹敌。像谷歌这样的公司可以支付数十亿美元收购任何威胁其统治地位的新企业。几年前，谷歌每周都要收购一家公司。如果这家新公司拒绝出售，谷歌也会建立类似的服务免费赠送，从而使之破产。

面对歌利亚，大卫不堪一击。[1]

对付歌利亚

政府经常通过监管来担保竞争行为。要求价格公道的法律可追溯至罗马时期的谷物市场，而工业革命带来的规模经济更需要监管。在这场持续不断的战争中，第一次凌空抽射瞄准的是石油巨擘的解体。

到1900年，美孚控制了美国90%以上的精炼油。约翰·D.洛克菲勒（John D. Rockefeller）是该公司的创始人、董事长与第一大股东。人们普遍认为他是现代史上最富有的人。1911年，在公开抗议之后，最高法院根据1890年的《谢尔曼反托拉斯法》（Sherman Antitrust Act）将美孚分成34家小公司。

接下来还有对歌利亚的狙击。1911年，美国最高法院剑指烟草巨擘，将美国烟草公司拆分为4家小公司。1982年，法院瞄准电信公司，将AT&T分为七家区域性电话运营公司，以及现在规模小得多的母公司。最近，最高法院对科技公司垄断——微软下手，但收效甚微。而在大西洋彼岸，欧盟委员会在处理技术领域的反竞争行为方面取得了更大成功。2017年，欧盟以不公平竞争为

[1]　《圣经》中记载，歌利亚是非利士人，拥有无穷的力量，大卫用机弦将石子击中歌利亚，取而代之。——译者注

由，对谷歌处以创纪录的27亿美元罚款。

在美国，反竞争监管的重点主要集中在消费者所支付的价格上。然而，反竞争行为影响的却不仅仅是即时价格。市场往往无法对污染成本等外部因素进行定价，尤其是在短期内。此外，我们还迫切需要规范数据的垄断。不幸的是，即使是创纪录的罚款，似乎也没有对大型科技公司的行为产生预期影响。

其他行动也以失败告终。2011年，谷歌以7亿美元的价格收购ITA公司。ITA是一家航空预订软件公司。司法部批准了这项协议，前提是谷歌至少在五年内保持该软件对其他企业开放。两年后，谷歌宣布，将于2018年关闭ITA访问。前谷歌员工泰德·本森（Ted Benson）在推特上写道："一个系统完善的航空创业公司，就这样消失了。"

大公司的贪婪

科技公司通常建立在回报丰厚的市场上。数字商品的复制成本几乎为零，而数字服务可以快速、廉价地扩展。例如，Alphabet年收入为1100亿美元，净利润超过20%。相比之下，沃尔玛年收入为4850亿美元，净利润却不到3%。

这些大型科技公司的部分财富来自他们不愿纳税。欧盟委员会于2017年9月发布的一份报告表明，在欧盟开展国际业务的数字企业通常支付10%的有效税率，而传统企业支付的税率为23%。许多科技公司甚至更低。

2016年，亚马逊公司在欧洲仅支付了1500万英镑的税收，而其在欧洲的收入为1955亿英镑，甚至不足收入的0.1%。脸书英国公司2016年的收入从上一年的2.108亿英镑增至8.42亿英镑，但不知何故，其税款仅从420万英镑增至510万英镑，不到收入的1%。值得注意的是，该公司的收入增长了四倍，但其税款只增长了四分之一。

当然，不只是科技公司很少纳税。避税已经成为许多公司的一个诡计。例如，最近，宜家在其澳大利亚账户中报告销售额为11.6亿澳元。但在会计师们发挥"魔力"后，宜家只向澳大利亚税务局支付了28.9万澳元税金。人们不禁要问，宜家为什么在明显无利可图的情况下，还在澳大利亚竭尽全力出售价值超过10亿美元的平装家具。

而科技公司在避税方面的确是最积极的。在爱尔兰，欧盟委员会发现，2014年，苹果向爱尔兰税务机关缴纳的税率仅为0.005%，远低于12.5%的公司税率。欧盟委员会裁定苹果公司应缴纳130亿欧元的欠税。但我们现在面临着一种奇怪的情况：爱尔兰政府正在与委员会的裁决做斗争，试图不接受数十亿欧元的税额。爱尔兰政府正在下一盘更大的棋，希望爱尔兰能继续成为欧洲企业避税天堂之一。

英国和澳大利亚都引入了"谷歌税"，试图迫使科技公司缴纳合理的税额。这些公司应该为他们的收入来源做出贡献，这似乎是公平的。事实上，若他们有远见，便会发现：从根本上来说，榨干客户的财富并不符合他们自己的利益。

技术公司不需要创造如此巨大的利润来继续增长。大多数股东不支付股息，因此，不需要有足够的利润来直接回报股东。他们的利润经常被用来回购股票。这是一个懒惰的选择，仿佛在说"我们不能用这些钱做任何有用的事"。它的作用就是使股价上涨，从而奖励那些持有股票期权的高管。这是需要调控的。

优步的破坏

为什么走错了路，走到了这里？数字梦想后来怎么样了？比如出租车。10年前，在许多地方，出租车市场没有竞争力。在许多城市，下雨天找不到出租车。出租车牌照的价格通常非常昂贵。优步本应修复这个问题，但最终却用一个坏的系统替换了另一个。

对优步有太多的批评。有的优步司机因工资太低不得不住在他们的车里。优步似乎对违法或监视竞争对手公司毫无疑虑，也不认为有必要告诉用户，他们的数据被窃取了。不过，撇开优步所有的不良行为不谈，优步还有一个更根本的问题：正在从系统中窃取大部分财富。

互联网本应通过让我们建立更有效运作的数字市场来减少摩擦。为什么人们很难将闲置汽车的人与需要交通工具的人联系起来，使每个人都受益？优步从系统中取走这么多价值是公平的吗？举例来说，如果我们建立一个合作组织，让车主和他们的客户分享所产生的价值，那不是更好吗?

这事没发生有两个原因。一个是技术性原因（现在是可修复的）。另一个是财务原因（仍要等待解决方案）。技术问题是你不想坐一个随机的人的车，或让一个随机的人坐你的车。因此，你需要一个信任系统，以便驾驶员和乘客可以相互信任。以前，信用系统意味着你需要有一个中心的权威机构来记录司机和乘客的行为。优步一直是中心权威。但现在情况已经不是这样了。利用区块链技术，我们可以建立一个分散的信任系统，降低对像优步这样的中间商的需求。

这就只剩下财务问题了。优步不需要赚钱。它已经在风险资本市场筹集，并可以继续筹集大量资金。因此，拼车市场不再具有竞争力了。这与哪一种拼车服务最好无关。最终的赢家既不是消费者，也不是出租车司机，只不过是财力最雄厚的风险基金。一个合作性企业无法与不需赚钱的企业相竞争，当然也不能与一个甚至不需要收支平衡、亏损都喜笑颜开的企业竞争。2016年，优步亏损28亿美元，收入65亿美元。每拿出1美元，就有2.32美元进账。优步的支持者为你每一次出行支付约三分之一的费用。

企业科研

考虑到像谷歌和苹果这样的公司给我们的生活带来的所有好处，你可能已经准备好忍受赤裸裸的资本主义。例如，想想你每天有多少次依靠谷歌或者你口袋里的苹果手机。但许多改善我们生活的技术并不是公司的产品。互联网由美国政府机构国防高级研究计划局（DARPA）资助。万维网是欧洲核研究组织（CERN）所发明的，这是一个由多方政府资助的物理实验室。苹果手机的大部分技术都来自政府所资助的研究：触摸屏显示器、全球定位系统、互联网，甚至是Siri背后的技术，这些都不是由硅谷的风险投资家资助的，而是由个人所得税买单的。

研究需要把视野放长远。这需要做很多赌注，其中很多都不会有回报，但它往往有助于公共利益，而非一家公司之举。科学不是什么需要保密的学科。作为科学家，我们公开发表研究结果以便每个人都能受益。当然，企业为研究的生态系统做出了贡献，像专利系统这样的机构帮助科学家出版并同时获得其工作应得的奖励。

近年来，微软、谷歌和脸书等大型科技公司一直在加强与大学的联系。他们的许多高级职员都认识到，创新往往来自大学，而非公司实验室。他们还认识到，几乎所有为科技公司研发实验室工作的研究人员都来自大学。

诚然，企业而非政府基金在最近的深度学习热潮中起了很大的推动作用，但这种繁荣的基础仍可追溯到政府资助。多年来，加拿大高级研究所资助了多伦多大学的杰弗里·辛顿和蒙特利尔大学的尤舒亚·本吉奥。辛顿和本吉奥当时正在研究神经网络中并不热门的话题。加拿大人的具有远见卓识的赌注得到了惊人的回报，因为该国现在成了深度学习创业者的温床。

现代企业

很容易忘记现代公司是上一次技术革命——工业革命的产物。如今，只有少数几家公司可以追溯到300多年前，主要是银行和出版社。大多数公司都是最近才成立的。标准普尔500指数成分股公司的平均只有20岁。

最后，现代公司是一个人类创建的机构，部分目的是允许社会从技术变革中获利。有限责任使公司董事承担风险，而不产生个人风险。股票和债券市场让企业获得了投资新技术及市场资金。股票的可转让性给公司带来了持续性，使它们能够随着时间的推移而增长。

杜邦（1802年）、通用电气（1892年）、福特汽车公司（1903年）和IBM（1911年）等公司显然是工业革命的产物。但今天的一个重大问题是，尽管许多公司从最近的技术进步中受益匪浅，但社会的其他大部分人却没有。许多科技公司的结构是为创始人而非股东提供优惠待遇。即使创始人没有这种特权，公司治理结构也让首席执行官们采取行动，最大限度地提高自己的回报。这些与股东应得的回报不是直接对应的，或者更普遍地说，与回报社会的价值不一致。

事情越来越复杂了，某些技术公司已经变得与小国家一样有价值、有影响力。以苹果为例，苹果目前的市值约为8500亿美元，可能很快就会成为世界上第一家万亿美元的公司。相比之下，卢森堡是世界上较为富裕但规模较小的国家之一。会计中的一条经验法则是，一项资产的价值大约是其年收入的十倍。卢森堡的年收入是其国内生产总值，代表卢森堡人民在一年内生产的所有商品和服务的总价值，大约600亿美元。基于此，你可以说卢森堡的价值约为6000亿美元——或者说，不如一个苹果公司的市值。

21世纪的公司

考虑到现代公司是人类的发明，并且在某种程度上是工业革命的产物，也许是时候考虑我们如何重塑公司的理念，以适应即将到来的工作上的革命。尤其是，我们如何确保2062年的公司能够更好地为公共利益服务。

有几种因素可能会对21世纪的公司有用。第一个因素是在首席执行官中掌权，更好地代表工人和股东。德国提供了一个很好的例子，凸显了给予工人更多发言权的好处。在德国，拥有2000多名员工的公司需要设立一个监事会，其中一半是公司的员工。该监事会设定高管薪酬，并聘用、解雇首席执行官及其他执行董事。

还有一种是限制首席执行官的工资与公司内最低薪工人的工资比率。在美国，这一比率在过去30年中平均增长了大约六倍。首席执行官现在的工作比以前难六倍吗？虽然首席执行官薪酬实际大幅增加，但工资中位数几乎没有同期变动。我们也可能会限制在没有向其他员工提供相应奖励时向首席执行官提供的股票奖励。

第二个有助于现代企业改革的因素是促进互助社及合作社的发展。这些措施可能包括：财政激励措施，如较低的税率；低廉的政府贷款与有利于获得资本的渠道；商业激励措施，如政府采购倾向于此类公司；比上市公司更宽松的流动性要求。（因为上市公司的管理层可能更容易受到风险的诱惑——"用别人的钱赌博"。）

第三个因素是税收改革，迫使企业在创造财富的地方缴纳更多税费。这最终符合每个人的长远利益，把财富从国家中抽走是不可持续的。公司也能从有秩序的社会中获益。道路系统、医院、学校、交通系统等若要建设，必然要投入大量资金。

第四个因素是就业法改革。随着"零工经济"的不断增长，工人们需要拥有更大的权利才能享受到以前企业所提供的保护。工人们需要能够负担得起生病、生孩子、照顾年迈父母，且在不低于收入线的情况下接受再培训。除此之外，工会还需要进行自我改造，以便为工人提供更大的权利。

第五个因素是对数据垄断进行更多监管。归根结底，这可能意味着像Alphabet和脸书这样的科技公司需要被拆分，就像过去石油和电信行业发生的那样。在我们讨论这个问题之前，还可以考虑一些没那么激进的变化。大型科技公司可能只是被禁止购买新公司。而且，正如我在下一章中所讨论的，我们肯定需要考虑有关数据保护和数据所有权的新法律。

意外之财

像这样的政策变化可能太小，无法确保全社会都能从人工智能革命中受益。如工业革命初期，现代福利国家创立，今天的我们可能需要考虑更彻底的变革。

全民基本收入是一种可能，它是一个国家所有公民无条件的有保障收入。有趣的是，它吸引了两派政治的支持。右派认为这是减少政府官僚主义的一种方式，而左派则认为这是向穷人重新分配金钱的一种方式。它也受到硅谷许多人的青睐。

无条件给每个人发钱似乎很激进，但实际上，这只是我们已经做的事情的延伸。在许多国家，学校提供免费教育，有一些国家还提供免费的医疗服务。只要出生在这个国家，你就有资格获得每年价值数千美元的服务。把实际的美元放在人们手中似乎有点极端，但我们已经在暗地里做了一段时间了。

摇摆不定的60年代几乎为美国人带来了全面的基本收入。1967年，马丁·路德·金（Martin Luther King）写道："我现在确信，最简单的方法将被证明是最有效的——解决贫困问题的办法是直接废除贫困，通过我们现在大肆讨论的措施，保证收入。"[1]第二年，随着世界各地的年轻人走上街头呼吁一个更好的未来，1200名经济学家写了一封公开信，刊登在《纽约时报》

[1] 参 见 Martin Luther King Jr (1967) *Where Do We Go from Here: Chaos or Community?* Boston, Beacon Press.

的头版，呼吁人人都有基本收入。他们写道："除非全国每个人的收入不低于官方认可的贫困定义收入，否则该国就没能履行其职责。" 理查德·尼克松（Richard Nixon）总统甚至试图将其付诸实践。尼克松在新泽西州、宾夕法尼亚州、爱荷华州和北卡罗来纳州进行了一些全民基本收入的实验后，于1969年提出了一项法案，以结束当时正在进行的"向贫困宣战"。这会保证一个家庭一年有四次1600美元（相当于今天的10,000美元左右）收入。该法案已由国会通过，但被参议院否决了。尼克松在第二年又试了一次，同样的结果。

自动化迫在眉睫的威胁现在使全民基本收入的想法又被重新提上了议事日程。荷兰、加拿大、芬兰及其他地区正在进行一些实验。它们旨在帮助回答有关其可行性的问题。人们还会找工作吗？它将如何影响人们的价值感？甚至有人担心它会抑制工资，因为雇主可能觉得不需要支付基本生活工资。

所有这些试点研究的基本问题是规模。没有一个实验是普遍的，或持续了足够长的时间来总结出整个国家、一代人的结果。然而，这些（以及更早的）实验的初步数据是积极的。人们似乎不会减少工作，这些社区的健康水平会提高，教育成果也会提高。

主要问题仍然存在，其中最大的问题可能是人们基本收入的成本。在美国，每年给处于工作年龄的2亿成年人1.8万美元收入，将花费3.6万亿美元。有趣的是，这是美国联邦政府年度预算的规模。但是，全民基本收入并不意味着你可以停止所有其他的政府支出。你仍然需要为道路、学校、医院和人们所依赖的所有其他公共物品买单。

人们还提出了一些替代全民基本收入的不太激进的办法。这些措施包括提高最低工资、加强工会和劳工法、将税收从劳动力转移到资本、增加就业培训和再教育的资金。这些替代方案的优点是对社会进行不太彻底的变革。但它们是否能够做到这点？即使同时投入应用能否应付地平线上的变化？这仍然是一个悬而未决的问题。

绿色萌芽

科技公司已经意识到他们的责任。例如，谷歌在2017年宣布，未来五年将向非营利组织投资10亿美元，帮助人们适应不断变化的工作性质。这是该公司迄今为止最大的慈善捐赠。然而，假设谷歌的利润继续以目前的速度增长，这些捐款只会使其五年内的利润损失不到3%，但若像其他公司一样缴纳公司税则会使公众得到更多的好处。

2017年的另一个例子，脸书宣布将不再将其欧洲预定广告收入计入爱尔兰国际总部，而是计入其实际广告收入国。批评人士认为，此举不太可能会使脸书缴纳更多税款。然而，这可能标志着科技公司积极避税行为的结束。

但也许最有希望的萌芽并非来自公司，而是来自政府。在过去的60年中，哥斯达黎加政府政策的重点不是经济增长，而是在保护环境的同时，为公民提供普遍的、慷慨的、高质量的社会服务。废除军队，将这些资源用于医院、学校和养老金方面的开支。哥斯达黎加正在成为拉丁美洲的橱窗。

2016年，哥斯达黎加将6.9%的预算用于教育，而全球平均水平为4.4%。在过去的20年时间里，哥斯达黎加用于医疗保健的资金增长了约50%，达到了GDP的9%。其中，70%以上预算是政府出资。哥斯达黎加计划到2021年成为一个碳中和国家，超过98%的电力已经由绿色能源提供。该国的预期国民寿命超过了美国，是79.6岁。哥斯达黎加通过在健康、教育和环境方面的投资，为其公民创造了更好的生活环境。我们希望其他国家也能关注。

解决日益严重的不平等并非易事，这需要勇气和远见。几乎可以肯定，这将需要对人工智能为大技术公司所带来的利润进行更大的再分配。

在2018年世界经济论坛上，谷歌首席执行官桑达尔·皮查伊（Sundar Pichai）表示，他很高兴谷歌能支付更多的税款，并呼吁改革现有的全球税收体系。这使得未来变得非常明确。到2062年，像谷歌这样的公司确实应该缴纳更多的税，而且这种税收需要在全球范围内分配。

2068

08

隐私的终结

人工智能有很多方法可以帮助保护隐私。保持隐私最可靠的方法之一就是不要让你的数据离开你的手中。

隐私是另一个受到威胁的人类价值观。温特·瑟夫（Vint Cerf）是谷歌公司的"首席互联网科学家"，也是互联网的设计师之一。2013年，他在美国联邦贸易委员会会议上说道："隐私本质上可能是一种非正常需求。"他认为这一大胆的主张是正确的，因为他观察到，"隐私"是从工业革命引起的城市繁荣中产生的。

　　他的说法有一定的道理。早在中世纪，生活并不是那么私人化，我们中的大多数人负担不起住在有独立生活空间与独立卧室的房子里。工业革命提高了我们的生活水平，使一些形式的隐私变得更加可能。然而，隐私不仅仅是拥有自己的房间，它还涉及拥有讨论政治变革与思考危险思想的隐私、匿名投票、践行我们所选择的宗教、以我们所希望的生活方式生活。还有许多其他隐私，我们已经开始期待了。

　　然而，到2062年，我们将不再把这些隐私视为理所当然，几乎没什么能逃脱一个有能力的人工智能的严密审查。那么，一个至关重要的问题是，我们如何阻止人工智能损害这些隐私，就像乔治·奥威尔（George Orwell）在其典型的反乌托邦小说《一九八四》（*Nineteen Eighty-Four*）中所预测的那样。

新的石油

英国数学家、特易购（Tesco）开创性会员卡的开发者克莱夫·亨比（Clive Humby）被广泛认为是第一个将数据与石油相提并论的人。[1] 石油当然是推动工业革命的自然资源。2006年，亨比说："数据是新的石油。它很有价值，但若不经提炼就不能真正地使用它。我们必须将石油转变为气态、塑料、化学品等，才能创造出一个有价值的实体，推动盈利活动；因此，我们必须对数据进行分解和分析，使其具有价值。"

2013年，Tresata首席执行官阿布希什克·梅塔（Abhishek Mehta）指出：

> 就像石油是推动最后一次工业革命的自然资源一样，数据将成为这场工业革命的自然资源。数据是围绕各个行业纵向建立整个经济模型的核心资产与核心润滑剂的。

[1] 在2006年全日空高级营销峰会上的讲话，西北大学凯洛格管理学院。

　　人工智能一直是并将继续是数据的主要消费者。像深度学习这样的机器学习方法目前需要数以百万计（如果不是数以十亿计的话）的培训实例。如果数据是新的石油，机器学习就是那些大型数据集的提炼。到2062年，机器学习无疑将更像人类学习，需要的例子更少。然而，数据将继续是人工智能成功的关键。

　　不过，数据和石油之间存在一些根本性的差异，我们不应该从字面上理解它们之间的相似之处。石油是一种宝贵而有限的资源。数据既不是珍贵的，也不是稀缺的。石油只能使用一次，而数据可以无限重复使用。与石油不同，数据通常可以用来生成更多数据。《硅谷历史》（*A Ltistory of Silicon Valley*）一书的作者皮耶罗·斯卡鲁菲（Piero Scaruffi）写道："石油和数据之间的区别在于，石油产品不会产生更多的石油（非常不幸），而数据产品（自动驾驶汽车、无人机、可穿戴设备等）则会产生更多的数据（你通常在哪里驾驶、你开得多快或多好、谁与你在一起等）。"[1]

　　但或许石油与数据最大的区别在于所有权。各国迅速声称拥有我们脚下及海洋之下的石油。但今天，许多数据都是私有的。一些私人数据垄断公司，特别是谷歌和脸书，越来越多地占有我们的大部分数据。当他们从中创造财富的时候，我们作为这些数据的生产者却很少能享受到这些价值。此外，所有这些数据都会使我们的隐私受到威胁。

---

[1]　参见一本我正在写的书 *Humankind 2.0*，见 scaruffi.com/singular/bigdata.html.

人工智能在看着你

2062年，维护私人生活所必需的隐私将成为一个重大的挑战。据《经济学人》估计，仅脸书就可以扫描、存储和识别12亿张不同的面孔。想一下，这大约是地球上六分之一的人类。未来的几十年里，可能某个地方会有个数据库能容纳地球上的每一张人脸。

甚至连我们的宠物也不能幸免，2017年10月，谷歌图片开始识别、标记猫与狗。当谷歌看到你的狮子狗时，它会利用一切机会在附近寻找你。所以，下一次你在社交媒体上给一个朋友或宠物贴标签时，请记住，你不仅出卖了宠物的身份，而且还送出了你朋友的身份。

硅谷可能不仅打了"你是谁"的主意，还打了"你如何投票"的主意，甚至是其他私密信息，譬如，你的性取向。2017年，斯坦福大学某研究小组证明：他们可以简单地使用谷歌街景图片来预测你的投票行为。[1]甚至脸书这样的公司也能提供足够

---

[1]　参见 Timnit Gebru, Jonathan Krause, Yilun Wang, Duyun Chen, Jia Deng, Erez Lieberman Aiden & Li Fei-Fei (2017) 'Using Deep Learning and Google Street View to Estimate the Demographic Makeup of Neighborhoods Across the United States', *Proceedings of the National Academy of Sciences*, vol. 114, no. 50, pp. 13108-13113.

的信息来预测投票行为。[1]斯坦福大学另一研究小组有争议地声
称，他们已经研究出了某种机器学习算法，训练程序区分同性恋
和异性恋者的脸。[2]

技术公司想要收集数据似乎没什么下限。隐私与安全专家布
鲁斯·施奈尔（Bruce Schneier）观察到，"监视是互联网的商业
模式"。[3]艾伯特·戈尔（Al Gore）称之为"跟踪者经济"，这
种说法更简洁地表达了这一点。[4]为何谷歌认为当你关闭自己的

---

[1]　参见 Jakob Bæk Kristensen, Thomas Albrechtsen, Emil Dahl-Nielsen, Michael Jensen, Magnus Skovrind & Tobias Bornakke（2017）'Parsimonious Data: How a Single Facebook Like Predicts Voting Behavior in Multiparty Systems', *PLoS One,* vol. 12, no. 9, e0184562.

[2]　参见 Yilun Wang & Michal Kosinski（2018）'Deep Neural Networks Are More Accurate than Humans at Detecting Sexual Orientation from Facial Images', *Journal of Personality and Social Psychology*, vol. 114, no. 2, pp. 246–257. 对这项研究有许多批评意见。这项研究着眼于一个非常偏颇的样本。它只包括 18 岁到 40 岁之间居住在美国的白人，且它认为每个人要么是同性恋，要么是异性恋。培训和测试数据使用了等量的同性恋和异性恋图片，而实际上，在这个年龄组中只有大约 7% 是同性恋。这项研究声称，在 81% 的案例中，该算法可以区分同性恋或异性恋男性的图像。然而，人口平衡测试集的准确性会更差。最后，这样的研究能带来什么样的好处呢？开发识别同性恋者的软件具有巨大风险。世界上有十几个国家对同性恋判处死刑。人们按照各种文化和性惯例来打扮自己。毫无疑问，机器学习算法正在收集这样的线索，但我们不需要软件来告诉我们这些。

[3]　Bruce Schneier, '"Stalker economy" Here to Stay', *CNN.com*, 26 November 2013.

[4]　"政府是种威胁；企业也在收集比他们应该收集的更多的信息。我们现在形成了一种跟踪经济，企业正在挖掘你的一切。"Al Gore, reported at the Southland Conference, 10 June 2014.

位置，甚至移除SIM卡时，它还应该跟踪你的安卓手机？^[1]为何优步认为在你的行程结束五分钟后，还可以追踪你的位置？^[2]为什么精灵宝可梦（Pokemon Go）会认为能够访问你在iOS上的整个谷歌账户，甚至读取你的电子邮件和浏览历史？

当然，开始侵犯人们隐私的不仅仅是科技公司，各个国家也在采用新技术来窥探我们的生活。例如，美国特拉华州给警察巡逻车安装了"智能"摄像头，以检测载有逃犯、被绑架儿童或失踪老人的车辆。这种用途现在看来可能没有问题，但是，当一个国家开始使用同样的技术追踪政治活动家或难民时会发生什么？在一些国家，警方已经开始测试人脸识别眼镜，这种眼镜每秒能处理10万张脸。当这种技术被使用时，你再也无法藏身于一群示威者中间了。

链接数据

即使一家公司能够负责任地将数据匿名收集起来，也可能会出现隐私保护的失控。其中一个问题就是可以链接来自不同来源的数据。单独而言，单一的数据集可能不会泄露任何私有信息。

---

［1］ Shannon Liao, 'Google Admits It Tracked User Location Data Even When the Setting Was Turned Off', *The Verge*, 21 November 2017.

［2］ Amar Toor, 'Uber Will No Longer Track Your Location After Your Ride Is Over', *The Verge*, 29 August 2017.

但是，当两个或多个数据集组合在一起时，你的隐私可能受到威胁。奈飞公司（Netflix）提供了一个绝佳的案例。

2006年，奈飞发起了一项耗费上百万美元的活动，旨在设计一个更好的电影推荐系统。该公司公布了100,480,507个收视评价，480,189名用户给17,770部不同的电影打分。为保护用户的隐私，奈飞通过删除个人信息并用随机数字替换姓名来使数据匿名。但实际上却不起作用。得克萨斯大学奥斯汀分校的研究人员通过将数据与公开的互联网电影数据库（Internet Movie Database, IMDb）中的排名和时间戳记进行匹配，从而能够识别奈飞数据集中的用户身份。事实证明，如果你从数据中删除我们都喜欢的最流行的电影，结合我们所喜欢的不太流行的电影，则会有助于确定其个人身份。

奈飞可以通过删除数据的一个子集、更改时间戳记或故意在数据中引入错误使识别用户的工作变得更加困难。但是，即使有部分数据、受干扰的数据或其中有错误的数据，识别某些用户仍然不太困难。只需要少量的非匿名数据就可以从更大，但匿名的奈飞数据库中去除其匿名性。

各国政府都很清楚链接数据的威力。2015年，《数据保留法》（Data Retention）在澳大利亚生效，其中引入了电信公司保留特定类型元数据的法定义务。电话呼叫数据，包括传入呼叫者的号码、设备的位置及分配给移动电话的唯一手机序列号码。而电子邮件数据，包括发件人的电子邮件地址、邮件的大小和日期。

就其本身而言，使用这种元数据没有太多功能，因为它不包括呼叫或电子邮件的内容。但通过将其与其他数据联系起来，当局可以解决很多问题，比如，你与谁联系以及你在做什么。

离线隐私

即使我们离线以后，我们也越来越容易被追踪。美国一家名为"Vigilant Solutions"的私营公司，拥有一个超过22亿张数字车牌和位置照片的数据库。它每个月都会捕获并永久存储另外8000万条左右的记录。该公司将这些数据出售给全国上千个想追踪别人的执法机构，它现在与国土安全部签订了一份合同，提供对车牌的实时跟踪。

毫无疑问，你的购物信息也在它们的掌握中。例如，谷歌将来自广告词、谷歌分析、广告公司DoubleClick所搜索的营销数据与来自手机的位置数据结合起来，以跟踪人们访问商店的时间。每年，用户点击特定广告后，谷歌都会追踪数十亿次对商店的访问。谷歌也开始将店铺访问与购买数据联系起来。谷歌的"第三方伙伴关系"已经占据了美国所有信用卡与借记卡交易的约70%。到2062年，可以预见，像谷歌这样的公司能够追踪我们所有的在线和离线购物，你所花费的每一美元都会有专门数据库记录。

一旦城市变得更"智能"，收集、分析和处理有关居民的数据，离线跟踪会变得更具侵入性。我们确实没有办法决定远离这种数据收集的影响。每个人的业务都会被跟踪。例如，2013年，人们发现伦敦市的智能垃圾桶正在跟踪人们的手机。[1]制造智能垃圾桶的公司首席执行官卡维·麦马利（Kaveh Memari）对公司的意图非常坦诚："从我们的角度来看，它对每个人都是开放的，每个人都可以购买这些数据。伦敦是世界上被监管得最为严密的城市……只要我们不添加姓名、家庭住址，这就是合法的。"[2]

该观点的逻辑非常奇怪：因为别人也在追踪他人的数据，所以我们也可以。在媒体强烈抗议之后，智能垃圾桶现在已被迫停止追踪人们的手机。但是到2062年，不仅是智能垃圾桶在追踪你的信息，整个城市会都在看着你了。

家里的"老大哥"

你回到家后，被监视的情况也不会结束。我们已经能从亚马逊Alexa和谷歌主页等智能扬声器上见到这一点。尽管只有当你和它们说话时，它们才会"醒来"，但它们之所以能这样做，是因为它们总是在倾听。一旦它们"醒来"，它们就不再在设备上处理你说的话，而是在谷歌云端及亚马逊的服务器上处理这些。谷歌和亚马逊只有在设备被唤醒后才记录对话。然而，研究人员

---

[1] Matt Warman, 'Bins that Track Mobiles Banned by City of London Corporation', *The Telegraph*, 12 August 2013.
[2] Siraj Datoo, 'This Recycling Bin Is Following You', *Quartz*, 8 August 2013.

已经发现了如何"黑"进去，使之在任何时候都记录对话，这就把扬声器变成了一个虚拟的窃听器。爱德华·斯诺登（Edward Snowden）这样的人用胶带把笔记本电脑上的摄像头遮盖上，然后把手机放在冰箱里以屏蔽信号。他这么做是有原因的。

阿肯色州警方要求亚马逊当庭出示一位客户的Alexa语音记录，因之与2015年其家中的一起谋杀案有关。亚马逊拒绝交出这些记录，但在这位客户出庭受审前，其律师同意交出这些数据。到2062年，我们可以期待各种数字化的私人助理在法律案件中作证。

不仅仅是智能扬声器会侵犯我们家中的隐私，互联网的下一个发展方向是"物联网"，我们把家里的所有设备都连接到互联网上：电视机、冰箱、烤面包机、灯，甚至是我们的花盆。它们大多数不会有屏幕或键盘，但会有语音接口。因此，麦克风将永远准备好接受监听的指令。乔治·奥威尔的《一九八四》中写过，是政府在监听我们的家。事实上，公众已开始付钱给私人公司，让他们在我们家中安装能够听到我们每次谈话的设备。

模拟隐私

一些人认为，我们对数字隐私的争夺已经失败，我们已经不能重来了，我们把太多的私人信息交给了脸书、谷歌、亚马逊和其他公司。但我们也将很快放弃我们的模拟隐私。问题是，我们将自身连接到智能手表、健身监视器和其他监控模拟自我的设备上。我们正在毫无保留地敞开我们的地理位置、我们的心率、我们的血压，很快我们将添加许多其他的生命体征。

通过数字化自我，我们可以撒谎，可以伪装成不同于自己的样子，我们也可以匿名联网。但对模拟自我撒谎要困难得多，我们几乎无法直接控制心脏跳动的速度或何时瞳孔扩大。想象下，如果一个政党能掌握每个人的心跳，它会做什么？但我们却将这些模拟数据提供给了私营公司。

例如，当我们注册使用FitBit活动智能设备时，FitBit会在其服务器上收集大量模拟数据：今天的步数、走了多远、燃烧的卡路里、当前体重、心跳和位置、附近的Wi-Fi接入点、手机基地台ID、使用的计算机与访问的网页。FitBit可以从这些数据中了解到很多关于你的信息。

第二个例子，当你把你的唾液送Ancestry DNA[1]进行基因检测时，你必须同意授予他们"免费的、世界范围的、可再许可的、可转让的许可"，以此来托管、转移、处理、分析、分发、交流你的基因信息，以便为你提供产品和服务，并可以用于Ancestry的研究和产品开发，Ancestry用户体验的提升以及制作、提供个性化的产品及服务。如果Ancestry DNA恰好利用你的DNA开发出一种治疗你所拥有罕见遗传病的方法，那么从法律上讲，他们可以让你花钱才能使用这种方法。Ancestry DNA条款及条件清楚地表明："你没有获得任何研究或商业产品的权利，即便这些产

---

[1]　Ancestry 公司提供的面向大众的基因祖源测试。——译者注

品可能是由Ancestry利用你的遗传信息开发的。"

事实上，以前情况更糟糕。在媒体强烈抗议前，Ancestry DNA公司声称拥有"永久"的免版税许可证。一旦他们有了你的数据，你就再也没办法把它拿回来了。至少现在你可以要求他们删除你的数据并停止使用这些数据。

与医生、医院收集的医疗数据不同，FitBit或Ancestry DNA收集的模拟数据不受任何患者/医生或患者隐私立法的保护。像FitBit或Ancestry DNA这样的公司可以用它做一切他们想做的事情。FitBit可能会找出谁在做爱，并试图向他们出售伟哥。[1] Ancestry DNA可能会确认你有患阿尔茨海默病的风险，并将你的详细资料卖给当地的养老院。

非人类的眼睛

允许这类技术继续运行的一个论点是，人类的眼睛并没有在查看数据。2017年前，谷歌服务器会阅读你收到的电子邮件，并使用这些信息提供个性化的广告。当然，这不是一个真正的人阅读你的电子邮件，而只是一个算法。尽管如此，它依然会让人毛骨悚然。谷歌执行董事长艾瑞克·施密特（Eric Schmidt）曾表示

---

[1]　2011年，许多FitBit用户的性行为可以在谷歌搜索中找到。然而，这一点现在受到了限制。

过："谷歌的政策是直面这条令人毛骨悚然的线，而非越过这条线。"[1]但谷歌最近决定停止阅读电子邮件，这表明它可能意识到自己已经越过了这条线。[2]

此前，谷歌为其阅读用户电子邮件的行为进行了辩护："正如商业同事信件的发送者看到收件人的助理打开信件时不会感到惊讶那样，今天使用基于网络的电子邮件的人，若知道通信在传输过程中是由收件人的云服务器（ECS）处理的，也不会感到惊讶。"[3]但谷歌的论据逻辑有问题。你不会希望一个邮递员送信的时候拆开你的信来读一读。如果邮递员所看到的不只是你明信片上的地址，你可能会失望。因此，我们应该感到惊讶和失望的是，我们电子邮件的内容在投递过程中被阅读了。随着人工智能的优化，我们应该越来越关注那些"非人类的眼睛"阅读我们的通信。

好的苹果公司

有家公司试图在尊重人们隐私方面独树一帜。苹果公司的隐私声明清楚地表明：

---

[1]　Eric Schmidt, Washington Ideas Forum, October 2010.
[2]　为了提供个性化广告，谷歌已经停止阅读电子邮件。但是，它会继续为其他目的阅读电子邮件，例如，添加日历条目和建议自动回复。
[3]　Gregory S. McNeal, 'It's Not a Surprise that Gmail Users Have No Reasonable Expectation of Privacy', *Forbes*, 20 August 2013.

苹果产品的设计目的是做令人惊奇的事情，旨在保护您的隐私。

在苹果，我们认为隐私权是一项基本人权。

你的许多个人信息——你有权保密的信息——都存在于你的苹果设备上。

你跑步后的心率，你先读哪些新闻故事，你上次买咖啡的地方，你访问的网站，你给谁打电话、发邮件或发信息。

每一款苹果产品的设计都是为了保护这些信息，并赋予你选择与谁分享及分享什么的权利。

我们一次又一次地证明，好的体验不必以牺牲你的隐私和安全为代价。相反，它们会支持这些。

为了支持这些关于隐私的有力声明，苹果拒绝了美国政府提出的十几个要求，这些要求是为了帮助用户访问被锁定的苹果设备的数据，即使其中一个设备属于恐怖分子。为此，我为他们鼓掌。

但是，当涉及人们的隐私权与赤裸裸的利润之间的选择时，苹果公司的表现就不那么出色了。2018年2月，为了遵守新的数据法，一些iCloud用户的数据都被转移到一家政府所持有的公司服务器上。苹果服务的条款和条件被修改为"允许该公司访问数据"。

社会信用评分

或许，2062年，一些国家正在开发的"社会信用评分系统"会全面用于实践。到2020年，他们计划在某个地方收集网上所有关于公司和公民的信息，然后根据这些信息确定一个系数，以此来衡量其"可信度"。这个系统旨在"为守信者提供利益，惩罚不守信者，因此，诚信成为一种广泛的社会价值"。有关该计划的官方文件几乎没有提供具体细节，但暗示"不可信"将受到对其就业、旅行、住房和银行的限制。

目前正在进行的试点实施并没有消除人们对该计划的担忧。其中一个明显的试点项目是"芝麻信用"，一个由阿里巴巴运行的信用评分方案。虽然亚马逊拥有3.1亿客户，但阿里巴巴的用户更为庞大，每月拥有近50亿用户。如何计算芝麻信用评分的细节是秘密的，但它综合考虑了五个因素：使用阿里巴巴移动及在线支付平台——支付宝进行的消费、个人信息、及时支付账单、及时支付信用卡以及您的朋友。所以，最好不要有不值得信赖的朋友！

到目前为止，这项计划一直在进行中。例如，得分高的人可以免押金预订酒店房间、租自行车。有一段时间，他们可以进入北京机场的优先席。同时，中国最大的婚介服务也为信用评分高者升级。而且，从2018年5月开始，信用评分低者在一定的时间内乘坐火车和飞机会受到限制。

后斯诺登时代

2013年，爱德华·斯诺登透露，美国、澳大利亚、加拿大、新西兰和英国的情报机构正在运行许多全球监测项目，电子邮件、即时消息、固定电话及手机通话都会被窃听。其目标是很明确的："收集所有信息""处理所有信息"和"利用所有信息"。不仅我们的敌人成了监控目标，执行监视国家的守法公民也被这个巨大的网困住了。毫不奇怪，这非常令人激愤。这种全面的监视很可能违反美国《宪法第四修正案》。该修正案禁止不合理的搜查和扣押，且搜查等行动需要理由充分的、经司法裁定批准的搜查令。

尽管如此，我还是不明白为什么这么多人对自己的邮件被人阅读感到惊讶。电子邮件是最容易被截获的通信形式，电子邮件已经可以由机器阅读了。与电话交谈不同，电子邮件不需要被转录。监控未加密的电子邮件对国家来说太容易，也太诱人了。

不幸的是，人工智能只会让国家更容易监视公民。语音识别算法可以同时监听数以百万计的电话呼叫。计算机视觉算法可以同时观看数百万台闭路电视摄像机。处理自然语言的算法可以同时读取数百万封电子邮件。

欧洲领先

欧洲在2062年为隐私提供了一些希望。2018年5月，《通用数据保护条例》（*General Data Protection Regulation*, GDPR）在欧洲生效。该条例的主要目标是让欧洲公民控制其个人数据，为他们提供个人数据的一些基本权利，例如，访问及删除数据的权利。

也许与讨论隐私最相关的方面是解释权。当人工智能做出自主决策时，该条例表示，我们有权知道"有关的、合乎逻辑的、有意义的信息以及这种处理所设想的后果"。我们还没有看到法院如何解释这一点，但它可以确保欧洲公民对人工智能项目如何决策以及退出决策的能力获得有意义的解释。

为了获得收集和使用个人数据的同意，《通用数据保护条例》禁止公司使用长的、难以辨认的、充满"法律术语"的条款和条件。同意书必须清晰，与其他事项区别开来，并以易于理解及容易获得的形式提供，使用清晰明了的语言。撤销同意必须与给予同意同样容易。

遵守该法案的动力还是比较大的。违反《通用数据保护条例》的组织可被处以其全球年度营业额4%或2000万欧元（以数额较大者为准）的罚款。我们还没有看到这些法规的影响，但这迈出了帮助人们保护数据隐私的积极的第一步。

数据所有权

《通用数据保护条例》只是保护我们隐私所需的变革的开始。像脸书这样的公司怎么能够在几乎不生产任何内容的同时，却拥有所有内容呢？如果我们自有数据、能决定谁可以使用它，难道世界不会变得更加公平吗？如果这是一种权利，为何不能"随时选择退出"呢？

2018年的世界移动通信大会上，IBM Watson首席技术官罗伯·海（Rob High）对一位科技网站TechRepublic的记者说："与任何新技术一样，我们现在考虑如何在道德和责任上做到这一点非常重要。对我们来说，这可以归结为三个基本原则——信任、尊重和隐私……当然，隐私权归根结底就是承认你的数据就是我们的数据。"[1]

可别再胡说了！"你的数据就是我们的数据"？这可不对。你的数据不是IBM的数据。也许这只是个口误，但他的评论完美地概括了科技产业的权利感，它非常需要监管。希望到2062年，你的数据能被普遍认可为属于你自己的数据。

---

[1] Jason Hiner, 'IBM Watson CTO: The 3 Ethical Principles AI Needs to Embrace', *TechRepublic*, 2 March 2018.

人工智能为对策

和许多其他领域的情况一样，人工智能不仅是问题的一部分，也是任何潜在对策的重要部分。人工智能有很多方法可以帮助保护隐私。保持隐私最可靠的方法之一就是不要让你的数据离开你的手中。

到2062年，我们的设备将有足够的计算能力，计算就可以在那里进行。你的智能手机将足够智能，能够识别你的语音、理解你的请求，并根据你的请求进行操作，无须呼叫谷歌或云计算中的任何其他服务。你的健康监护设备不必与FitBit或任何其他人分享你的身体统计数据。当你需要看医生时，它会追踪你的心跳并自动识别。到2062年，我们将让人工智能隐私与安全助理出现在所有设备中，它们唯一的工作就是保护你的隐私和安全。它们将监控所有输入和输出数据，并在你的隐私或安全受到威胁时进行干预。

其他技术也将有助于保护我们的隐私。例如，量子密码术将是司空见惯的，为我们的数据提供更大的安全性。而诸如差分隐私保护等技术将会成熟，让我们在为了公共利益与社会上其他人共享数据的同时，也不会放弃我们自己的隐私。数码人可能比智人有更多的隐私。但如果我们做出了正确的选择，隐私将不会是历史上的某种非正常需求，而将是一项技术上的权利。

09

政治的终结

新闻界最重要的职责之一就是揭露真相，揭露腐败与谎言，保持政客们的诚实。到2062年，媒体将努力履行这一基本而必要的职责。

最需要隐私的领域是政治。我们需要私人空间，在那里，我们可以探索当前现实的替代方案。但是，即使我们成功地使用人工智能和其他新技术来控制我们的隐私，2062年的政治也会大相径庭。就算靠我们自己选择，可能最终导向的也不会是某个"更好"的不同。

在过去的10年时间里，我们见证了一些技术，特别是社交媒体是如何改变政治辩论的例子。首先，它看起来是积极的。互联网让我们以新的方式与他人联系，并第一次为许多人发出声音。

2011年，当一个名为"我们都是哈立德·赛义德"的匿名脸书页面促使埃及革命开始时，我们对其巨大的潜力有了个很好的预知。哈立德·穆罕默德·赛义德（Khaled Mohamed Saeed）是名年轻的埃及男子，2010年6月在亚历山大被警方拘留。描述他暴力死亡的脸书页面迅速传播开来，很快就有超过10万的追随者。这篇文章在脸书上率先呼吁埃及人民在1月25日举行抗议活动。这一天是埃及的国家警察日，有数以万计人民走上街头。经过17天的示威游行，数十万抗议者在开罗和埃及其他城市游行，副总统奥马尔·苏莱曼（Omar Suleiman）宣布，胡赛尼·穆巴拉克（Hosni Mubarak）将辞去总统职务。

其他形式的社会媒体也在起义中发挥了关键作用。其中一名抗议者法瓦茨·拉士德（Fawaz Rashed）在推特上说：

> 我们使用脸书来安排抗议活动，用推特来协调，用YouTube告诉世界。#egypt #jan25

许多人开始将社交媒体视为政治变革的强大而积极的力量。现在，不是只有那些处于权力中心的人才能发声，任何有互联网连接的人现在都能接触到大量的观众。

技术与政治

当然，新的通信技术经常服务于政治目的。从16世纪起，印刷机就被用来制作政治小册子。托马斯·潘恩（Thomas Paine）在1776年出版的小册子——《常识》（*Common Sense*）中提出了支持美国独立的观点，这有助于将殖民地团结在独立理念的背后。它一般被认为是美国革命最重要的著作。

时光飞逝，收音机把政客们又带到了人们的起居室。丘吉尔在第二次世界大战期间撰写并发表了许多令人难忘的演讲，这些演讲有助于激发同盟国的斗志，并最终取得了胜利。其中，最值得纪念的是他在1940年6月4日在敦刻尔克大撤退后向下议院发表的演讲。丘吉尔的演讲鼓舞了整个随时会被纳粹入侵的国家："我们要在各个海洋上作战，我们的空军将愈战愈强，愈战愈有信心。我们将不惜一切牺牲，来保卫我国本土。我们要在滩头作战，在登陆地作战，在田野、在街巷作战，在山上作战，我们决不投降。"[1]谁又能不被丘吉尔抑扬顿挫的声音所打动呢？

如果没有电视，就不可能想象今天的政治。1960年，参议员约翰·肯尼迪（John. F. kennedy）和副总统理查德·尼克松（Richard Nixon）第一次在电视上进行总统辩论，结果尼克松的当选机会大大降低，电视帮助肯尼迪成了美国总统。

假新闻

新的通信技术对政治产生影响并不奇怪。现在很多人从社交媒体上获得了大量新闻，其中最令人担忧的是虚假新闻。在唐纳德·特朗普当选总统后，脸书的创始人兼首席执行官马克·扎克伯格（Mark Zuckerberg）最初否认假新闻起了任何作用。他说："就我个人而言，我认为'脸书上的假新闻（这是非常少量的内

[1]　人们一般不清楚，其实温斯顿·丘吉尔在1940年6月4日的讲话并没有被录下来。新闻播报员在当晚的BBC新闻广播中读到了节选内容。丘吉尔在1949年制作了一个录音带，这才是很多人能听到的，且很可能被人误认为是1940年的录音。

容）会以任何方式影响选举'这是个相当疯狂的想法。选民的决定是根据他们的生活经验做出的。"[1]

但在越来越多的反面证据面前（有些人将网站更名为"假书"），扎克伯格于2017年2月退居幕后，发表了一份6000字的宣言，承认脸书应当承担某些责任。他提出的主要解决办法之一就是人工智能。他认为，考虑到帖子的数量，脸书在全球范围内过滤虚假内容的唯一希望就是使用智能算法。

到目前为止，脸书试图用"真人真事检查"来处理假新闻，但效果非常有限。正如扎克伯格所希望的那样，人工智能可能有助于发现假消息，但它也可能使问题变得更严重。类似于那些检测假新闻的算法其实也可以制造假新闻。随着这些能制造假新闻的算法越来越聪明，区分真新闻和假新闻将越来越难。真相最终将成为这场战斗的牺牲品。

脸书并不是唯一一家受批评的科技公司。YouTube和推特也被指控歪曲政治辩论。但事实上，脸书多年来一直意识到它有能力改变选举。尤其令人担忧的是，该公司的创始人兼首席执行官扎克伯格正被人们议论将成为美国未来的总统。

---

[1] Casey Newton, 'Zuckerberg: The Idea that Fake News on Facebook Influenced the Election Is "Crazy"', *The Verge*, 10 November 2016.

脸书早有所知

2010年，脸书和加州大学圣地亚哥分校的研究人员在美国中
期选举期间对6100万名不知情的美国公众进行了实验。我们之所
以知道这一点，是因为研究人员两年后将研究结果发表在著名的
《自然》（*Nature*）杂志上。[1] 表面上，实验的目标令人钦佩：
为了增加选民的参与度。

这项实验是在2010年11月2日（选举当天）对美国脸书18岁
及以上的用户上进行的。用户被随机分成三组。其中一组显示了
"今天是选举日"的信息；另一组显示了相同的信息，以及他们
的朋友投票说"我投票了"的一些缩略图；第三组没有显示任何
内容。研究人员的结果表明，他们的干预措施增加了大约34万张
选票。这大约是投票总数的0.5%。脸书的实验并不是为了改变结
果，只是为了增加参与度。特别是，鼓励用户的投票要不含任何
偏见。用户被分到三个小组中的哪一个完全是随机选择。那还会
有什么问题吗？

好吧，让我们考虑一下佛蒙特州众议院的温莎-橘子1区。该
地区2010年的选举由一票定胜负。2010年在拉特兰5-4区举行的佛
蒙特州众议院选举的结果也由一票决定。两次选举都是一位女性

---

[1]　　参 见 Robert M. Bond, Christopher J. Fariss, Jason J. Jones, Adam D.
I. Kramer, Cameron Marlow, Jaime E. Settle & James H. Fowler (2012) 'A
61-million-person Experiment in Social Influence and Political Mobilization',
Nature, vol. 489, pp. 295-298.

民主党候选人对一位男性共和党候选人，前者均胜出。在如此激烈的竞争中，脸书的实验可能是至关重要的。

假设2010年，人口统计显示，脸书在佛蒙特州地区的用户比佛蒙特州本身的投票人口有更多的女性，而且更年轻。这是一个合理的假设：脸书最吸引18岁至29岁的成年女性。现在，假设佛蒙特州的年轻女性比男性共和党人更有可能投票给女性民主党候选人。同样，这也是一个合理的假设。接下来，在佛蒙特州增加脸书用户的投票参与可能很容易为民主党赢得一到两张额外的选票。由于这些选举竞争激烈，这肯定会改变选举结果，将可能的共和党胜利转化为实际发生的民主党胜利。

运行这项实验的研究人员不应该对此感到惊讶。2010年11月2日举行了数千次不同的选举，其中某些选举竞争肯定相当激烈。事实上，佛蒙特州是最有可能看到拉锯结果的地方之一。佛蒙特州众议院的选民相对较少，这使得它更倾向于数目有限的结果。1977年、1986年和2016年，佛蒙特州众议院的其他选区也由一票决定。

脸书还设计了下一步实验，以增加选民在2012年美国选举中的参与度。由于这些实验没有写在科学论文中，所以，人们对它们的了解较少。脸书声称他们随机选择了选民，并没有把注意力集中在某个特定的群体上。[1] 但是，再说一次，脸书用户与美国选民的人口分布

---

[1] 脸书负责全球商业沟通的副总裁迈克尔·巴克利说："我们一直以中立的方式实施这些测试（以增加投票率）。我们一直从经验中学习，并100%致力于在未来鼓励公民参与时提高透明度。"引自 Micah L. Sifry, 'Facebook Wants You to Vote on Tuesday. Here's How It Messed With Your Feed in 2012', *Mother Jones*, 31 October 2014.

并非一一对应。对脸书的随机用户进行实验可能再次影响了2012年的结果。[1]

定向竞选

脸书在2010年和2012年选举中增加选民参与度的实验是很明显的，他们打动了随机选出的数百万选民。也许更令人担忧的是，社交媒体可以用非常集中的方式、以非常低廉的成本，定向瞄准很小的一部分群体。这段时间以来，人们都知道脸书可以很好地做到这一点。

2011年3月，由数字广告代理Chong&Koster发起的一项在线政治活动赢得了美国政治顾问协会（American Association of Political Consultants）颁发的最佳新技术使用奖。竞选活动持续了两个月，从2010年9月开始，仅限于佛罗里达州人口最多的两个县——达德和布劳沃德。这两个县的总人口为420万。发起这场脸书运动的目标是否决一项佛罗里达公立学校要扩大班级规模的投票提案。这场运动的重点目标是最有可能关注这一提议的群体，如家长、教育工作者。选举后的一项民意调查显示，人们在脸书广告投放地区的投票方式与在脸书广告没有投放地区的相比，差距有

---

[1] 据记录，在2012年的选举中，27区对新墨西哥州众议院的投票是平局。经过重新计票，这位共和党候选人以8票当选。脸书2012年的实验改变了一些结果，这是很有可能的，就像2010年一样。

19%之多，而接触到广告地区的人们投票反对这项提案的可能性要高出17%。

　　这场活动成本非常低。若将同样数额的资金用于邮寄提案的相关刊物，可影响到的选民人数不到20万。可相比之下，脸书上的数字广告在佛罗里达州"关键"地区中令7500万人留下深刻的印象。这些地区的脸书用户平均每天会看到5次极有针对性的广告。所以，这个提议被否决并不奇怪。脸书很快就了解到数字广告公司操纵选票的特殊能力。2011年8月，脸书官方的"政府与政治"页面用热情洋溢的措辞描述了这一活动，总结道："Chong&Koster认为，将脸书作为市场研究工具及广告投放的平台，这种策略可以用于任何政治活动，以改变公众意见。该机构已经将此模式应用于其他活动。"[1]这可真是显而易见，脸书可用于任何政治活动中，帮助公众舆论转向。这些声明仍挂在脸书的"政府与政治"页面上。

　　现在，有些公司通过使用极有针对性的广告来影响选民，获利颇丰。而争议性在于，其营利性是基于从社会媒体及其他来源以可疑的方式所提取的数据。其中一家就是在2018年初备受关注的英国剑桥分析公司（Cambridge Analytica）。公众对该公司的关注主要集中在它如何在本人不知情的情况下通过脸书调查获得美国选民的个人信息。数据很重要，但它实际上只是部分情况

---

[1]　　参见 'Case Study: Reaching Voters with Facebook Ads (Vote No on 8)', Facebook, facebook.com/notes/us-politics-on-facebook/case-study-reaching-voters-with-facebook-ads-vote-no-on-8/10150257619200882.

而已。

剑桥分析公司等公司并没有根据简单的关键词确定目标受众，而是使用选民个性的复杂模型来传达其定向政治信息。令人震惊的是，剑桥分析公司声称：

> 我们拥有超过2.3亿美国选民的5000个数据点，建立了您定制的目标受众，然后利用这些关键信息吸引、说服和激励他们采取行动……通过对选民无与伦比的理解，我们将确定哪些选民会使你们的选票大涨，创造性地与之接触，并将之送至投票箱前。[1]

如果我们来算算，剑桥分析公司约有一万亿个美国选民的数据点。这些丰富的信息使该公司有前所未有的能力精确定位摇摆不定的选民。当然，在政治运动中的所有政党都可以利用这些技术来试图改变投票结果。但这是实实在在的代价：分裂的、两极分化的选民。

脸书创始人说他想把世界团结起来。[2] 但销售针对小众群体的政治广告却给了他们说一套、做一套的权力：他们正在分裂社区，让人们进一步分化。

---

[1]   参见 Cambridge Analytica, 'About Us', ca-political.com/ca-advantage.

[2]   Mark Zuckerberg, 'Bringing the World Closer Together', Facebook post, 22 June 2017, facebook.com/notes/mark-zuckerberg/bringing-the-world-closer-together/10154944663901634.

到目前为止，脸书在使世界两极化方面一直是一个非常活跃的参与者。美国总统特朗普竞选时启用的"数字大师"特蕾丝·王（Therese Wong）在2017年英国广播公司（BBC）的一部电影中描述了脸书是如何帮助特朗普定向选民的。[1]

她在位于圣安东尼奥的剑桥分析公司办公室内为借调的脸书员工安排好了办公桌。这些员工专为帮助剑桥分析公司锁定摇摆不定的选民而来。她对英国广播公司说："当你向这些平台投入数百万美元时，你将得到白人俱乐部的待遇。没有脸书，我们就不会赢。我的意思是，脸书真的让我们走到这里了！"

如果我们不谨慎，2062年，政治将由以上这些技术决定。从社交媒体和其他地方挖掘出来的大数据将被那些拥有最聪明算法的人用于攫取权力和扩散影响力。会出现"特朗普成为美国总统"，或者"英国脱欧"那样分裂化的结果，原本看似不可能的情况一再发生，可能仅仅是一切的开始。

伪装成人的机器人

改变我们政治话语本质的不仅仅是脸书，其他社交媒体网站也有很大的影响力。其中一个特别有影响力的是推特。因其能量

---

[1] Secrets of Silicon Valley, Part 2: The Persuasion Machine, BBC Two, 13 August 2017.

之大，甚至有人呼吁禁止总统特朗普使用推特这个平台。[1]实际上，在推特上影响最大的不是人类，而是电脑。

唐纳德·特朗普在推特上有约4800万粉丝。然而，据估计，其中约1400万是伪装成人的机器人（僵尸粉）。《纽约时报》也有类似的数字：在其4100万追随者中，有1100万估计是"僵尸粉"。更有趣的是，教皇弗朗西斯的粉丝情况比特朗普及《纽约时报》都差得多。教皇的1700万粉丝中，有一半以上（近1000万人）都是"僵尸粉"。更糟糕的是，俄罗斯联邦的总统普京看似有近250万追随者，但约60%（150万人）都是"僵尸粉"。[2]

这些"僵尸粉"的一个危险是，2062年，人类的声音将很难在计算机如山如海的杂音中被听到。事实上，"僵尸粉"已产生了影响。2017年，美国联邦通信委员会（FCC）就颇受争议的"网络中立性"问题发表了评论。这个观点是互联网上的所有数据都应该被平等对待的。你不能认为在上传YouTube视频或传输别人WhatsApp对话的同时，你的电子邮件却应在同一时间享有优先权。在联邦通信委员会收到的2200万条关于网络中立性的评论中，超过80%是来自机器人程序的。[3]提交评论的人压倒性地支持网络中立，不出所料，提交评论的机器人大多反对网络

---

[1]　2017年11月，特朗普在推特上的账户被一个辞职前夕的"流氓"员工暂时关掉。有人要求提名该员工诺贝尔和平奖。

[2]　我在推特（@Tobywalsh）上的1476名关注者中，有41人是僵尸粉，这是公平的。但我完全不知道41个僵尸粉为何关注我，也不知道他们为何不嫌麻烦。

[3]　Jane Wakefield, 'Net Neutrality Debate "Controlled by Bots"', *BBC News,* 4 October 2017.

中立。[1]

　　然而，世界有种假扮人类的机器人却让我为之喝彩。新西兰一家网络安全公司Netsafe建立了一个名为Re: scam的假聊天机器人。每当你收到来自尼日利亚骗子的电子邮件时，你应该把它转发到me@rescam.org。然后聊天机器人会替你接管对骗子的回复，尽最大努力来浪费骗子们的时间。

　　假扮人类的电脑在人工智能领域有着悠久的历史。事实上，艾伦·图灵曾提出著名的测试：判断一台机器是否为智能机器，看它是否能模仿人类。因此，每天我们都被要求完成验证码测试来证明我们确实是人类。

　　但是，随着人工智能能力的增强，将计算机和人类区分开来将变得越来越困难。事实上，我们已经与唐纳德·特朗普一起接近了那个时刻。麻省理工学院计算机科学和人工智能实验室的研究人员布拉德利·海耶斯（Bradley Hayes）用机器学习建立了一个名为@DeepDrumpf的推特机器人。[2]他对推特机器人进行了训练，使其能够记录特朗普的演讲。现在它就像总统本人一样发推特：

----

[1]　在我看来，反对网络中立性的唯一好论点是，由假机器人生成的数据应该比人类生成的数据优先级低！

[2]　DeepDrumpf聊天机器人以《上周今夜秀》（*Last Week Tenight*）节目片段而得名，其中约翰·奥利弗鼓励人们用特朗普原来的姓氏"Drumpf"。

2017年1月20日

（我们将得到上帝的保护。）我们不能靠医疗来取胜，我们负担不起。这很简单，奥巴马医改是一场灾难。#就职典礼

2017年1月20日

现在，就不会有误解了，我也不打算搞乱政府，这更会把事情搞得一团糟。

2016年9月26日

回复 @joss

（说谎）我说，他们被起诉了吗？有任何人做任何事了吗？它会把我带到椭圆形办公室。@joss@民主党#辩论#辩论之夜

假的政客

或者你并没有被DeepDrumpf说服？然而，到2062年，你将无法分辨假政客和真政客，你也无法区分人类政治家发表的真实演讲和虚假演讲。我们已经知道照片是不可信的。像Photoshop这样的软件可以很容易地在照片中添加或删除人物。很快你就不能信任任何音频或视频记录了。

2016年，Adobe展示了用于编辑、生成音频的VOCO软件。它

被称为"Photoshop-for-voice"。人类货真价实的演讲下，VOCO展示了一个你可以简单剪切粘贴的转写本。改变政治家的语音再简单不过了。其他公司，如CandyVoice和Lyrebird，都在争相开发类似的软件工具。

视频也将遵循类似路径。视频中把一张新面孔换到另一人身上的软件已经存在。很快，你就能把一个完整的人放到一个场景中。未来不仅会出现处理现有视频的软件，总有一天会出现一个新的软件——它能创造出与真实视频不可区分的、完全人工的场景。

到2062年，除非亲自在场，我们将不能再相信看到或听到的任何东西。不幸的是，寡廉鲜耻的政客们将利用这些新工具。他们只需要否认这些任何披露后会让他们感到难堪的音频或视频真实性不足即可。真理是个非常可替代的概念。

新闻界

新闻界最重要的职责之一就是揭露真相，揭露腐败与谎言，保持政客们的诚实。到2062年，媒体将努力履行这一基本而必要的职责。对假新闻的抗争很可能早已输掉了。

互联网给新闻业带来了三重打击。第一重打击是广告收入的损失。部分报纸以分类、展示广告所产生的收入来充实新闻费用。然而，谷歌和脸书等公司已经窃取了大部分广告收入。同样地，广播和电视的广告收入也损失了很多，都流入了互联网公司的腰包。2017年，美国数字广告上的支出首次超过电视广告支出。

第二重打击是从为内容买单的消费者手中所得的收入减少。自从公众想看的内容在网上免费发布，报纸就已失去了收入。我们中的许多人曾经买过日报，现在都不再买了。虽然像《纽约时报》这样的一些新闻机构已用数字订阅弥补了这一收入来源，但许多媒体还没有。

在美国，日报的日发行量几乎减半，从1970年的6300万份减少到2016年的3500万份以下。在其他国家也观察到了类似的下降。在英国，《每日镜报》（Daily Mirror）的读者人数在过去10年中减少了一半，而《卫报》（Guardian）和《每日电讯报》（Daily Telegraph）等报纸的读者人数则下降了约25%。与此同时，电视台的在线与流媒体服务方面也损失了相当大的一部分观众。例如，在美国，18岁至24岁收看广播电视的人群才是有利可图的群体，但这部分人群却在过去5年中对半减少，广告费也跟着这些观众从电视流向了数字服务。

第三重打击是记者数量的减少。媒体公司不得不削减成本以应对收入下降。人工智能算法越来越多地被用来取代人类记者。虽然这些算法可以编写一份很好的、简短的报告，但它们不能生成长篇的、调查性的报告。

这部分收入还有希望能有所回升。互联网巨头们正面临着越来越多的付费电话，要求他们支付在其平台上使用新闻内容的费用。欧盟等机构正在考虑如何让科技公司为其网站上出现的数以百万计的新闻文章和链接付费。如果我们要拥有一个能够有效牵制政治家的新闻界，这些问题需要在2062年之前得到解决。

扎克伯格"总统"

到2062年，科技公司的领导者将成为重要的政治人物。2017年，马克·扎克伯格宣布，他的新年挑战是"访问并会见了美国各州的人"。随后，他聘请了希拉里·克林顿（Hillary Clinton）2016年总统竞选的首席策略师。他还修改了脸书的注册证书，允许他个人担任公职。许多评论员怀疑过我们是否有一天能见到扎克伯格当总统。这也不足为奇了。

马克·扎克伯格出生在纽约的怀特平原，所以，他和其他与生俱来的美国公民一样，也有权竞选总统。然而，许多人对扎克伯格这样的人寻求高级公职表示关注。不受限制地使用像脸书这样的平台，为选举中的候选人提供了巨大优势。我们是否想在这样一个世界里：不是那些有着最棒的想法的政治家获胜，而是那些有着最多数据和最好算法的政治家获胜。大多数国家都限制了公务员的权利和义务。但这样的规则能阻止的，只能那些有钱人操纵选取、赢得选举。到2062年，我们将需要类似的法律来限制数据和算法在选举中的使用。

我们可能还需要批准限制游说影响的法律。近年来，这些科技公司已经从华盛顿寂寂无闻之辈跃身成了最大的说客。根据联邦记录，2017年，谷歌在游说上的花费为1800万美元，超过了任何其他公司。脸书花费1150万美元，略微落后，而亚马逊则为1280万美元，微软850万美元，苹果700万美元。除了微软，这些公司在游说上的花费都比2016年多了200万或300万美元。

政治选择

文学评论家罗兰·巴特（Roland Barthes）认为技术是种神话。我们倾向于认为科技是上帝赐予的，是宇宙自然秩序的一部分。但我们忘记了这是特定政治和历史背景的产物。技术不是不可避免的：它是我们所选择的。

比如电视。英国广播公司成立时，英国政府决定将其作为一种公共物品，由税收资助，而非由商业利益支付，因此也不受商业利益驱动。这是个选择，而且，我认为是个不错的选择。我们也可以在70年前决定，电视太过轻浮，不能成为政治的媒介。想象一下，如果不是通过电视演讲进行政治辩论，现在会有多好？如果政治仍然是通过报纸和公众会议上的严肃文章来进行呢？

到2062年，我们可能已经决定禁止社会媒体刊登政治广告，或者只允许政党广播他们的信息，而不允许为少量特定听众小范围播送。或者应该禁止政治机器人在推特上使用，或者完全禁止在网络上使用。人文主义者尼尔·波斯曼（Neil Postman）在1998

年的一次精彩演讲中说：

> 看待技术的最好方式是视其为一个奇怪的入侵者。请记
> 住，技术不是上帝计划的一部分，而是人类创造力和狂妄自大
> 的产物，它的能力无论好坏，取决于人类认识到它为我们做了
> 什么、对我们做了什么。[1]

波斯曼说得对。技术是一个奇怪的入侵者，我们不需要邀请
它进入我们生活的所有部分。我们需要对人工智能如何用于政治
做出一些艰难的选择。这样，到了2062年，人工智能会是正在改
善政治辩论而不是伤害它。我认为希望还是有的。我们会做出正
确的选择，因为我们已经意识到它被滥用的巨大潜力。

---

[1]　'Five Things We Need to Know About Technological Changes' was an
address given by Neil Post man to the New Tech'98 Conferences in Penver,
Colorado, on 27 March 1998.

2069

10

西方世界的终结

中国是一个巨大的市场。它拥有近14亿人口，是美国的四倍多。这个市场的经济规模远远超出了美国与欧洲公司想象的边界。

2018年年初，全球市值最大的四家公司均为科技公司：苹果、Alphabet（谷歌的母公司）、微软和亚马逊。软件真正开始吞噬世界了。[1]全球每九次搜索查询中，有八次使用的是谷歌。若谷歌没有被"墙"到中国之外，谷歌的使用比例会更高。另外三家科技巨头在各自的领域中也占据主导地位。微软则提供了全球80%以上的笔记本电脑及台式机上所使用的操作系统。亚马逊负责美国近一半的电子商务。

因此，你可能会猜测这四家公司将在2062年主宰生活，就像它们主宰我们今天的在线生活一样。但是，今天的科技巨头正开始面临一些真正的竞争。它并不是来自人工智能驱动的新兴公司。因为对目前这四者来说，买断或扼杀任何年轻的新贵都太容

[1]　参见 Marc Andreessen, 'Why Software Is Eating the World', *The Wall Street Journal*, 20 August 2011。安德森是风险投资公司（Andreessen Horowitz）的联合创始人，该公司投资于脸书、Groupon、Skype 和推特。在成为风险投资家之前，他是网景公司的创始人之一。

易了。不过，它们面临的竞争来自中国。阿里巴巴、百度、腾讯等科技公司诞生于受保护的中国市场，现在正在迅速革新。

2017年，阿里巴巴集团宣布计划未来三年，每一年的投资都将超过50亿美元，用于研究和开发人工智能、物联网及量子计算。2018年，百度为其类似奈飞的服务申请了首次公开募股，预计将筹集大约100亿美元，其销售所得将用于资助人工智能的研究和开发。2016年，腾讯公司在深圳成立了一个人工智能实验室，拥有近400名员工，这是该公司人工智能战略的核心部分。

即使没有人工智能的投资，中国的科技巨头在规模上也相当巨大。阿里巴巴是中国最大的在线零售商，它目前的价值超过5000亿美元。相比之下，亚马逊的市值约为7500亿美元。然而，阿里巴巴的增长速度却比亚马逊快。2012年至2016年间，亚马逊的销售额翻了一番，但阿里巴巴的销售额翻了三倍多。因此，我们可以预测，阿里巴巴将会超越其美国竞争对手。至于百度，它是中国最大的搜索引擎，也是世界上访问量第四大的网站。腾讯公司则拥有中国最大的社交平台——微信。该公司市值约5000亿美元，仅略低于脸书估值。

卫星时刻

1957年10月4日，苏联发射了人造卫星"伴侣号"（Sputnik），这是第一颗进入近地轨道的人造卫星。它的外表看起来平淡无奇：一个直径约两英尺^[1]的、简单抛光的金属球体。除了用它的四个外部无线电天线带来简单的无线电脉冲广播之外，它所能做的很少。但它唤醒了美国对俄罗斯技术实力的担忧，并开始了登月竞赛。

在建设人工智能的竞赛中，深度思考在对抗人类专家玩家的游戏中的两次胜利看起来就是今日的"卫星时刻"。不过，在这种情况下，被唤醒的不是美国，而是东方。这次开始的不是登月竞赛，而是建设人工智能的竞赛。

2016年3月，韩国李世石被阿尔法围棋击败后不久，韩国政府设立了1万亿韩元（8.63亿美元）的基金，用于未来5年的人工智能研究。然而，更重要的是，1年后中国巨人觉醒了。继阿尔法围棋在2017年战胜中国棋手柯洁后，中国政府宣布了在人工智能领域引领世界的计划。中国计划预计到2030年，人工智能将直接为工业产出贡献1万亿人民币（1508亿美元），并间接通过相关产业贡献10万亿人民币（1.5万亿美元）。

围棋在中国有着特殊的地位，是2000多年前中国发明的，它被认为是贵族士人所掌握的四大基本艺术之一，琴、棋、书、画。机器可以在围棋上击败最优秀的人类棋手，对中国人冲击之大可想而知。

---

[1]　英尺：度量单位，1英尺＝0.3048米。——编者注

中国计划

2017年7月，柯洁败北两个月后，中国国务院发布了《新一代人工智能发展规划》（*New Generation AI Development*）。该计划并没有隐藏国家想利用人工智能在经济和军事方面领先世界的雄心。正如习近平总书记2017年10月的十九大报告中所说：中国的目标是成为"科技强国"。但是，国务院的计划不仅仅是寻求经济和军事优势。人工智能将显著提升社会治理能力和水平，对有效维护社会稳定发挥不可替代的作用。

该计划的其他部分看起来则更美好一些。事实上，某些方面将会非常受欢迎，如呼吁智能环境保护和公共安全智能预警系统。同样令人高兴的是，该计划"加强对人工智能相关法律、伦理和社会问题的研究，建立法律、法规和伦理框架，确保人工智能的健康发展"。

国务院的首要目标是，到2020年中国在人工智能领域具有全球竞争力。正如我稍后将要讨论的，有许多指标表明中国将提前实现这一目标。该计划还要求中国到2025年在人工智能的基础理论方面取得重大突破，到2030年在人工智能领域处于世界领先地位。我相信中国人会在这些雄心壮志上取得成功。即使他们现在没有完全达到目标，到2062年，他们肯定也能达到的。

在过去的几十年时间里，中国特色社会主义市场经济产生了比大部分西方经济更快的增长。中国的国内生产总值在1998年以后的6年里翻了一番，在接下来的6年里翻了三倍，在接下来的6年里又几乎翻了一番。相比之下，美国的国内生产总值在每个6年中都增长了约三分之一。在1998年至2016年的18年间，美国的国内生产总值仅增长了一倍，而中国的增长则超过了十倍。

当然，中国是一个巨大的市场。它拥有近14亿人口，是美国的四倍多。这个市场的经济规模远远超出了美国与欧洲公司想象的边界。例如，中国显然是世界上最大的智能手机市场，约有7.5亿部手机。这大约是美国的三倍，欧洲的两倍。

中国也在迅速采用新技术。2016年，中国移动支付量翻了一番，达到5万亿美元以上。预计到2021年的5年时间里，中国的电子支付将增长九倍，达到45万亿美元。今天，中国的有些地方已不接收现金。从这个角度来看，2016年，美国的电子支付仅为1120亿美元，是中国的四十五分之一。

中国在人工智能建设的竞争中还有其他优势。与西方国家相比，大型科技公司和中国政府更容易共享信息。正如我们所看到的，中国的社会信用评分体系就是一个很好的例子。这样的数据收集会增加中国在人工智能领域的优势。

科学优势

1999年，中国政府开始了一项大规模"大学扩招"计划。仅在那一年，上大学的学生人数就增长了近一半。在接下来的15年时间里，大学生人数的增长速度很快，于2001年超过了美国。目前，中国的招生人数是美国的两倍多。到2016年，中国相当于每周能建成一所大学。

许多中国学生学习STEM课程。世界经济论坛报告称，中国2016年有470万应届STEM毕业生。相比之下，美国只有568,000人。到2030年，中国可能拥有全球40%以上的STEM毕业生，而欧洲只有8%，美国只有4%。

除了培训更多STEM专业的人，中国还大大增加了在科学研究上的投入。在过去的15年时间里，中国研究经费实际增长了六倍多，而美国和欧洲的研究经费仅增长了50%。中国目前占全球研发支出总额的20%，它将在2020年超越美国成为科研投入最高的国家。

最近，中国政府和中国企业都开始对人工智能研究进行重大投资。历史上，中国并不是这一领域的主要力量。10年前，那里几乎没有人工智能的研究。2013年，我是国际人工智能大会的理事会成员，当时，我们第一次决定到中国开会。我们的目标很简单：帮助中国人工智能研究启动，利用中国提供的巨大潜力。我们已经看到了这种潜力的体现。仅4年后，中国研究人员提交到2017年会议的论文就比美国和欧洲科学家的论文加起来还要多。事实上，中国研究人员在全世界所有人工智能研究论文中撰写了超过三分之一的论文。

其他几项措施表明，在中国自设的2020年期限之前，中国已经赶上了西方。据全球知名创投研究机构CB Insights的报告，中国使用"深度学习"关键字的专利出版物数量是美国的六倍，使用

"人工智能"关键字的专利出版物数量是美国的五倍。[1]报告还称，2017年，中国的人工智能创业企业投资金额占全球人工智能创业公司的所有投资中的48%，第一次超过了美国。

美国的回应

早先，美国在人工智能研究领域占据主导地位。事实上，"人工智能"这个词是1956年美国达特茅斯学院（Dartmouth College）的一个夏季研讨会创造的。正是在那里，许多创立这个领域的研究人员第一次见面，开始着手应对制造会思考的机器的挑战。

因此，毫不奇怪，美国也有计划来应对中国要赢得人工智能竞赛的威胁。[2]事实上，美国的相关计划早已于2016年10月公布，比中国的计划公布还早一年，而且该计划非常可信。美国计划的许多目标反映在中国的计划中，很难忽视它们。

美国科技政策办公室（Office of Science & Technology Policy，OSTP）是负责就科技对美国国内和国际事务的影响向总统提供建议的美国政府部门。美国科技政策办公室出台的报告贯彻了从政府、大学、工业到公众的详尽协商过程。

---

[1]　CB Insights, *Artificial Intelligence Trends to Watch in 2018*, 22 February 2018.
[2]　Preparing for the Future of Artificial Intelligence, National Science and Technology Council (NSTC), October 2016.

美国在计划中提出了23项建议。从开放政府及其数据供人工智能利用，到优先考虑长期的、基础性的人工智能研究。还有一些具体的行动，例如，开发一个自动化的空中交通管理系统，可以同时容纳自主飞机和人类驾驶的飞机。该计划还要求在政府和行业中使用基于人工智能的工具时要透明、公平。最后，它呼吁制定一项符合国际人道主义法的、某一国范围内的自主与半自主武器政策。

不幸的是，美国计划中的提议在很大程度上被忽视了。报告发表一个月后，唐纳德·特朗普赢得了总统选举。美国科技政策办公室的工作人员数量现在下降了三分之二左右，而且大多数人缺乏任何科学背景。与前任不同，特朗普总统似乎对科学技术政策兴趣不大。传统上，美国科技政策办公室主任是总统的首席科学顾问，但目前这个职位仍然是空着的。事实上，甚至没有一位在考虑之中的候选人。许多其他的科学和技术角色——包括美国首席技术长和美国国防高级研究计划局（DARPA）主任——也都是空着的。特朗普总统似乎要挥霍美国的领先地位。

其他国家的计划

其他国家也对中国的人工智能计划做出了回应。许多人认为英国是人工智能的发源地。当然，正是英国数学家艾伦·图灵撰写了最早的关于建造智能机器的科学论文之一。[1]英国今天仍然是人工智能研究的主要参与者。例如，谷歌的深度思考在伦敦成立、运营。

2017年11月，温蒂·豪尔（Dame Wendy Hall）教授和杰罗姆·毕赞提（Jérôme Pesenti）发表了一篇由英国政府商业和文化秘书委托的关于如何《在英国发展人工智能》的报告。他们提出了18项建议以改善数据和技能的供应，将人工智能研究最大化，并支持加快人工智能的技术利用。英国政府支持该报告，并承诺在2018年4月投资13亿美元用于人工智能研究和开发。脱欧也给英国带来了一些新问题，但我希望该计划足以让英国面临脱欧挑战的同时保持竞争力。

到2022年，印度人口将超过中国，因此，有必要考虑它是否会对中国日益增长的经济优势构成威胁。在2018年年初，印度财政部长在其预算报告中宣布，印度政府的首要政策智囊团将启动国家人工智能项目。印度政府将2018年至2019年"数字印度"计划的预算拨款翻了一番，达到307亿卢比（4.08亿美元）以支持这一倡议。虽然看到印度继续参加竞争是件好事，但即使是近5亿美元也不足以获胜。2017年，中国人口第四大城市天津宣布筹集50亿美元基金用于支持人工智能产业。虽然这是十年内的预算，但中国一个城市的投入就超过印度政府了。

---

[1] 参见 Alan Turing (1950) 'Computing Machinery and Intelligence', *Mind*, vol. 59, no. 236, pp. 433–460.

其他一些国家也已经或正在制定人工智能计划。加拿大还承诺向人工智能研究提供1.25亿美元。即使有足够的本地人才，这些资金可能也不足以让加拿大继续参与竞争。法国有一个更有野心的18.5亿美元计划。欧盟也在制定自己的计划，让欧洲能够继续运转。然而，随着英国脱欧，欧洲将失去在该领域工作最大和最成功的研究团体。这对欧洲或英国都没有好处。

最后，说到澳大利亚，澳大利亚尚未公布任何人工智能计划。这令人非常遗憾。因为澳大利亚一直有在人工智能领域颇有影响力的学术团体。澳大利亚也有个非常健康的创业社区，该社区正在机器人、金融服务、医学和农业等领域实施人工智能。我希望澳大利亚缺乏人工智能计划的情况在不久的将来能得到改善。[1]

新自由主义的终结

我曾声称，中国似乎将赢得人工智能竞赛，部分原因是美国和其他国家似乎很可能会输。在未来10年时间里，对谷歌和脸书等科技公司的抵制力度将越来越大。这将阻碍西方国家的发展，让中国在发展的行列中更进一步。

---

[1]　我最近接受了一个帮助阿联酋政府制定人工智能计划的职位。我这样做的原因是为了让澳大利亚政府知耻：澳大利亚没有一个发展计划，而澳大利亚的研究人员甚至还建议其他国家如何在人工智能方面取得进展。

从20世纪80年代开始，美国总统罗纳德·里根（Ronald Reagan）、英国首相玛格丽特·撒切尔（Margaret Thatcher）大力推行新自由主义思想，如私有化、紧缩、放松管制、自由贸易和减少政府开支等。这种思想在几十年来一直是最占优势的，但是，尽管这些政策在很大程度上促进了经济增长，但也让我们付出了高昂的代价，增加了经济不安全和不平等。

2017年9月，英国首相特雷莎·梅（Theresa May）对英格兰银行的一次演讲中声称："自由市场经济在正确的规章制度下运作，是人类集体进步的最大推动力。"她的主张有一个非常重要的原因：市场需要在正确的规章制度下运作。没有正确的规章制度，垄断就会扭曲价格。没有正确的规章制度，市场不会随外部环境定价，比如真实的环境成本。没有正确的规章制度，市场就会过热，导致价格泡沫。没有正确的规章制度，手握大量信息的人就会获得不公平的利益。

通过限制规章制度，新自由主义在市场经济中暴露了这些根本问题。如今，一些最缺乏监管的市场是与技术相关的市场。因此，我们必须更有力地监管这些市场。如果西方要在人工智能建设的竞赛中跟上中国步伐，我们需要接受一种更友好、更规范的资本主义形式。

2068

11

尾声

在过去的一个世纪里，不仅仅是科学和它所对应的技术改变了我们的生活，还对社会做出了一些重大改变，避免了技术变革给我们的生活带来的破坏。

这本书还没有结束。我不只是想指出2062年我们所面临的挑战——主要是由比我们思考得更好的机器所带来的疑问。这些都是数码人必须解决的挑战。但以这种方式来结束堪称最伟大的创造的故事，有些太过悲观。

然而，我们正在接近人类历史的一个关键时刻。除了技术变革的挑战——全球气候变化、全球金融危机、全球难民问题等，我们还面临一大堆问题。事实上，我们似乎只能面对这些全球性问题，我们手中只有很少的牌能打。如果想要我们的子孙比我们生活得更好，那么，我们极少能做的事情之一就是像我们的祖父母多年前所做的那样——拥抱技术变革。但我们需要谨慎行事，这样我们的生活才能更好地被改变。

许多人会犯的一种错误是认为未来是固定的，我们只需要适应它。事实并非如此。未来是我们今天所做决定的产物，故而我们可以选择我们想要的未来。

我不想假装自己知道什么是正确的选择，我也不能说答案到底是什么。因为这些是需要整个社会参与所做出的决定。不过，我将尝试找出一些我们能选择去拉动的杠杆。

你可能会惊讶我能找出多少方法，这其中有好有坏。我们可以做很多事情来确保2062年的世界比2018年的世界更好。同样，为了保证这一点，我们必须做很多事情。最重要的是，我深信，我们不能简单地继续让科技公司自我监督。

科技公司已经设立了一些"最后防线"，试图阻止对其行业的监管，其中一个是2016年9月启动的"人工智能伙伴关系"。[1] 然而，在过去的几年中，有太多的例子表明我们不能相信科技公司会以社会利益最大化的方式行事。

不难理解为什么我们需要对技术领域进行更严格的监管。公司是种过时的机构。公司利益已经不再能与公共利益保持相对一致了，尤其是技术公司。新技术对我们的生活造成了破坏性的影响，带来了严峻的挑战。

新的法律

数据是个需要监管的领域。例如，我们需要新的法律来限制数据的收集和使用。欧洲的《通用数据保护条例》为执牛耳者。

---

[1] "人工智能造福人类和社会合作伙伴关系"是一个技术产业联盟，旨在人工智能领域建立最佳运行模式，并向公众宣传人工智能。它由亚马逊、脸书、谷歌、深度思考、微软和IBM共同创立。不久之后，包括苹果在内的许多其他公司也加入了进来。

其他国家也需要类似的立法来保护本国公民的隐私。更完善的数据保护法律才刚刚开了个头，我们还需要更多的法律来控制数据的捕获和使用。

我们可能会考虑从根本上限制数据所有权的法律。比如，你的数据或许应该永远都属于你？我们可能会决定，除你之外，其他人都不应该拥有你的心跳数据。你的DNA遗传密码也应该属于你，而不是公司可以随意买卖的东西。大多数国家都有法律禁止出售你的身体器官等。我们可能也需要类似的法律来阻止人类数字的自我销售，特别是那些未经过你许可，或者让你无利可图的数据。

我们甚至可以考虑立法，要求数据只能由创建它的人拥有。有了脸书这样的平台，这意味着用户将拥有自己的帖子、朋友列表、消息和活动。然后用户可以将他们的数据导出到其他社交网络。在这样一个世界里，脸书需要让用户高兴，否则就会失去用户。

另一项法律可能是限制任何平台或公司使用数据的法令。也许上限应该是90天，也许是一年。但在某种程度上，用户必须拥有重新协商如何使用其数据的权利。用户应该始终有权使其数据被遗忘。

除了有关数据捕获与使用的法律之外，我们还可以选择规范数据执行操作的算法。正如我们所看到的，算法不需要公平或透明。因此，我们可能不得不坚持认为它们必须有所保证。而在对人们的生命和自由做出某些决定时，我们甚至可能需要阻止算法的使用。

为了鼓励创新，我们可能还需要在平台上继续保持竞争。有些平台变得太大，以至于无人能与之争锋。因此，在这些平台内部中必须有一个健康且具有竞争力的生态系统。正如美国许多州内要求公共事业公司共享居民家中的管道和电线端，以便为居民的业务创造一个（可以说有点"人为的"）市场一样，我们可能必须立法，以便数字平台允许其服务内的竞争。

最后，我们需要出台能将平台与任何其他发布形式等而视之的法律。平台必须对其内容负责。这会迫使他们更积极地处理那些我们一直想避免的问题，如假新闻或机器人。

新的公司

另一种我们可以利用的手段是改革这些公司。一个根本挑战是许多新的数字技术是自然垄断的。我们没有特别好的规则来处理数字垄断。自里根时代以来，只要垄断不会导致消费者的价格上涨，美国的反垄断法就会一直容忍垄断。反托拉斯的法律过去和现在都没有能力对提供免费服务的公司进行监管。

然而，我们现在有少数科技公司通过提供免费服务来控制数字空间。这些公司不仅主宰电子商务、搜索和社交媒体，还主宰许多其他服务，如电子邮件、信息、视频和数字广告。他们甚至被允许通过收购竞争性及互补性的公司来扩大其垄断优势。例如，谷歌通过收购YouTube扩大了对视频的垄断，而脸书则收购了Instagram和WhatsApp。

那么，我们所忧虑的又来自哪里呢？就算是垄断，免费的服务怎么可能没有竞争呢？问题是这些服务掩盖了消费者的真实成本。当一项服务看起来是"免费"的时候，实际成本则不可避免地被隐藏起来。数字服务对纸质媒体的损害是种代价，令我们上瘾的设备是种代价，我们失去隐私是一种代价，缺乏深度的思想泡泡是一种代价，大型科技公司收购规模更小、更灵活的竞争对手，扼杀技术革新也是一种代价。

因此，我们可能需要拆分大型科技公司，使数字市场再次百舸争流。早在2062年以前，Alphabet公司就需要被分成若干部分，搜索、电子邮件、视频、移动操作系统。我们不应该允许任何一家公司主宰所有领域。具有讽刺意味的是，通过设立母公司Alphabet，谷歌使得其大公司的拆分更容易，甚至动摇了人们认为它需要作为整体的看法。

我们可能还需要防止科技巨头收购或与竞争对手合并。2012年，脸书以约10亿美元的价格收购了Instagram。2014年，该公司以190亿美元收购了其社交通信服务竞争对手WhatsApp。早在2062年之前就应该禁止这样的交易。Instagram和WhatsApp在被脸书收购之前，本身运营状况良好。这些公司被收购，获利最多的可不是消费者，而是脸书。

人工智能革命还可能要求我们创新企业种类，以确保我们都能分享技术变革带来的利益。这样的公司将与社会的价值观更紧密地结合在一起，将与员工及客户分享更多财富。他们将能够放眼长远，既投资在自己员工上，也投资于其所在的运营国家以作回报。

最后，我们需要新的税收制度，以便公司回报社会，这可能意味着要加强国际合作，以防企业简单地在一个国家与另一个国家之间挑拨离间。这也可能意味着增加基于销售额和营业额的税收份额，因为这样更难以逃税避税，且更直接地将财富返还到产生财富的地方。

新的政治

为使2062年的世界成为我们想要的世界，政治改革是我们现在可能拉动的第三个杠杆，剑桥分析公司2018年的丑闻凸显了大数据对政治产生的腐蚀作用。为防止那些拥有最佳算法和最多数据的人赢得政治争论，我们需要能限制数据使用的法律，限制数据使用改变人们的政治观点。

我们是否应该简单地阻止政治信息有目标地针对少数人投放？ 如果你有个充满吸引力的政治理念，你仍然可以广而告之。但是用机器精准地定向选民则应被视为非法。我们应禁止使用计算机作为"大规模说服武器"。例如，社交媒体公司可能会被禁止根据投票年龄和选区以外的任何标准兜售政治广告。你将无法针对未婚的"千禧女子"或退休白人男性群体投放分裂性的政治信息。如果脸书想要社会团结起来，就应该停止以这种方式贩运政治广告。若该公司拒绝停止此种行为，我们可能必须立法确保其中立。

我们甚至可以考虑设立法律，完全禁止使用社交媒体来赢得民心。想象下数字广告"存商业化、去政治化"的世界。这种变化的一个好的副作用是，政党必须把钱花在传统媒体上，这会帮助传统媒体在数字时代保持老式新闻业的活力。

我们也可能决定彻底禁止网络机器人的使用。很难说这种网络机器人会让互联网变得更好。好在禁止它们很容易。我们可以简单地规定互联网公司必须查验任何用户的身份，当我们发现机器人窃取我们的注意力时，对它们处以一定比例的收入罚款。人类的声音会夺回互联网的控制权。

这仍然会留下"虚假内容"：假新闻、假视频和假音频。技术将在一定程度上有所助益。虽然互联网具有分散性，但区块链等技术可以帮助我们为数据"验真"。教育也是有用的。例如，意大利现在正在教孩子们如何识别假新闻。然而，我们可能仍然需要立法。如果平台被迫对其内容负责，那么伪造的虚假内容将会很快被删除。

新的经济

经济是我们生活的另一重要方面，到2062年我们将不得不改变它。考虑到人工智能对工作的巨大影响，将会有一些根本性的新经济体发挥作用。正如工业革命一样，若我们要确保2062年对多数人而非少数人来说是个更好的世界，那么，保护工人将是至关重要的。

在我们最需要的时候，许多国家的工会显得无能、落后。很难想象工会运动能及时重塑自己，来应对人工智能革命。如果这些都是对的，我们将不得不求助于其他机构，以确保我们能从即将到来的技术变革中受益。

例如，我们可能会立法规定，公司在雇佣新员工之前必须对被解雇的员工进行再培训。这样的法律在今天是有用的。2018年年初，澳大利亚国民银行（NAB）宣布，因数字化升级解雇6000名员工，并雇佣2000名具备数字化技能的新员工。这种冷酷无情、赤裸裸的资本主义行为可能会被禁止。最好能让澳大利亚国民银行不得不重新培训原计划要解雇的6000人中的至少2000人，还要为他们找到工作——也许不再是在澳大利亚国民银行工作。

我们还可能要求公司定期为员工提供最低限度的教育和再培训。我们可以从谷歌学这个办法。谷歌坚持要求员工20%的时间都花在个人发展上。这听起来可能很理想化——尤其是20%的比例。但公司最大的资产往往是员工。对任何公司来说，投资于自己的劳动力怎么会不是一个好的长期计划呢？

这些想法对保护那些"零工经济"工作者几乎没有什么用。我们已经看到这些工人备受伤害。因此，我们肯定需要引入保护措施，以防止这些行为继续发生。大棒和胡萝卜都需要的。我们可能会要求兼职员工获得许多与全职员工相同的福利，例如病假和育儿假。同样，我们可能会要求公司自雇员工而非通过劳务派遣，或者通过税收政策倾斜来促使这些公司做得很好。

我们还可以确保权力平衡地转移到有利于劳动者的一面。诸如"零工时合同"等公司滥用权力的行为可能会被禁止。正如一家公司可以选择何时开工一样，那些被提供工作的人必须能决定接受哪种工作时间，而不必担心受到惩罚。政府还需要介入其中，并提供以前由公司所提供的安全保障。这样，即使是"零工经济"，员工也可以获得医疗保健，可以生病，可以请假照顾父母、孩子，并获得工作的再培训等权利。

最终，这些小杠杆可能不足以应付2062年传统工作的减少。因此，我们可能生活在普遍基本收入成为常态的经济体中。从根本上说，我们可能会为今天所做的大部分无偿工作买单。例如照顾病人和老人、抚养孩子。

我们也可能工作时间更短。由机器人完成大部分工作的2062年，对人类来说，更多可能是休闲时光。我们或许可以将更多的时间花在我们的朋友、家人和社区上。 人工智能会为我们提供这一切。

一个崭新的社会

到2062年，我们可能生活在一个更友好的社会中。那时，我们会重视那些照顾儿童、病人、老人及残疾人的人，更甚于那些从事传统工作的人。社会将会成为更有爱心的社会。这些有爱心的工作现在不是，也许未来也永远不会是属于机器人的工作。因此，我们必须开始更重视它们。

我们也可能看到创造力的蓬勃发展。如我之前所说，这可能是第二次文艺复兴。即使机器人能创造出艺术品或手工艺品，我们也会珍视更多由人类创造的物体与经验。人工智能可以促进生产力的提高，让更多的人成为艺术家和工匠。

假设我们已经解决了算法偏差问题，那么到2062年，我们也可能有一个更公平的社会。机器将在没有历史及文化偏见的情况下做出决定。这些偏见曾经扭曲了我们的过去。但与人类不同，这些机器可以为其决定提供合理的解释。而且到那时，我们可能已经制定了具体法规，要求它们必须给出解释。

社会也会更加平等。在适当的管理下，一般来说，信息技术，特别是人工智能，可以成为一个更好的杠杆。更多的人将能摆脱贫困，享受更舒适的生活。然而，这需要采取措施，确保我们所有人都能分享人工智能带来的好处，而非仅仅是掌握技术的人。

最后，社会可以更加和平。假设我们通过立法限制了致命自主武器的使用，人工智能实际上可以挽救生命，而非夺去更多生命：清理雷区，帮助提供人道主义援助，减少平民伤亡，保护士兵不受伤害等。

如果我们做出正确的选择，人工智能将使生活变得更好——不仅仅是为少数人服务，还是为多数人服务。它可以让我们都过上更健康、更富有甚至更幸福的生活。

一个更好的未来

2016年，巴拉克·奥巴马宣称："如果你必须在人类历史长河中选择自己活着的时代，你就会选择现在，此时，此地。"[1] 老实说，他其实说的是"就在美国，就在现在"，但那只是因为他没有生活在更好的地方，比如澳大利亚。

奥巴马的说辞有点言过其实。在世界各地，21世纪，人口平均预期寿命均有大幅增加。然而，最近，由于美国阿片类药物危机，美国人的预期寿命开始略有下降。虽然许多人摆脱了贫困，但在许多国家，特别是美国国内的不平等现象却在加剧。然而，总的来说，几乎我们现在的生活要比我们祖先一百年前的生活好得多。

我们怎么过得这么好呢？我们是通过接受科学来做到这一点。你经常听到人说我们生活在"指数时代"。奇点学家会让你相信指数型技术会改变我们的世界。这是事实。但也许我们生活中最重要的指数变化是一个不经常提到的——科学本身的指数级进步。其中的红利才是我们今天比一百年前过得更好的原因。

改编一下牛顿爵士的名言：科学呈指数级增长是因为科学家可以站在巨人的肩膀上。我们可以利用人类眼前已被发现的所有的科学知识。科学呈指数级增长，是因为今天活着的科学家比以

---

[1]　巴拉克·奥巴马，"现在是最好的生存之时"，总统每周电台演讲，2016年12月10日。

往任何时候都多。两者都是指数级增长过程的特征。

　　然而，在过去的一个世纪里，不仅仅是科学和它所对应的技术改变了我们的生活，还对社会做出了一些重大改变，避免了技术变革给我们的生活带来的破坏。我们引入了诸如工会、劳动法、普及教育和福利国家等，以便我们所有人分享技术变革带来的繁荣。当我们今天进入另一个深刻的技术变革时代时，我们应该牢记这一点

　　人工智能将极大地改变我们的世界。2062年的世界将与我们今天生活的世界截然不同。因此，如果我们要确保2062年的世界是我们想要的世界，那么，我们就需要大胆思考我们今天应该对社会做出的改变。

　　现在就开始吧！

致 谢
TNANKS

　　我要感谢我的经纪人玛格丽特·吉（Margaret Gee）和我的出版商贝莱德公司，是他们帮助我把这本书送到你们面前。特别感谢我的出版商克里斯·法伊克（Chris Feik）；感谢我的优秀的、理解力超强的编辑迪翁·科贡（Dion Kagan）和朱利安·韦尔奇（Julian Welch）；感谢基姆·弗格森（Kim Ferguson）设计的精彩封面；克里斯蒂娜·泰勒（Christina Taylor）、玛丽安·布莱斯（Marian Blythe）、艾莉森·亚历克萨尼安（Alison Alexanian）与威尔逊·达·席尔瓦（Wilson da Silva）的出色宣传工作；感谢纳迪娅·劳伦奇（Nadia Laurinci）及其在Laurinci Speakers的团队负责举办所有我的演讲活动。我还要感谢索菲·威廉姆斯（Sophy Williams）在海外版权方面出色的工作。

　　还有很多其他的人我也要感谢。

　　感谢我的父母，他们帮助我走上这条路，这条梦想着建立人工智能的道路。

　　感谢我在新南威尔士州悉尼、澳大利亚联邦科学与工业研究组织Data61工作组与其他地方的许多学术上的同事。你们为我提供了知识环境和支持，使我能够写完这本书。感谢教务长、院长以及我的许多研究合作者、学生。

最重要的是，我要感谢我的家人和朋友，是他们每天带给我光亮，让我有时间写第二本书。

参考书目

Robert M. Bond, Christopher J. Fariss, Jason J. Jones, Adam D.I. Kramer, Cameron Marlow, Jaime E. Settle & James H. Fowler (2012) 'A 61-million-person Experiment in Social Influence and Political Mobilization', *Nature*, vol. 489, pp. 295–298.

David Chalmers (1995) 'Facing Up to the Problem of Consciousness', *Journal of Consciousness Studies*, vol. 2, no. 3, pp. 200–219.

David Chalmers (2010) 'The Singularity: A Philosophical Analysis', *Journal of Consciousness Studies*, vol. 17, no. 9–10, pp. 7–65.

Era Dabla-Norris, Evridiki Tsounta, Kalpana Kochhar, Frantisek Ricka & Nujin Suphaphiphat (2015) *Causes and Consequences of Income Inequality: A Global Perspective*. Technical report, International Monetary Fund, June 2015.

Amit Datta, Michael Carl Tschantz & Anupam Datta (2015)

'Automated Experiments on Ad Privacy Settings: A Tale of Opacity, Choice, and Discrimination', *Proceedings on Privacy Enhancing Technologies*, vol. 1, pp. 92–112.

Jared Diamond (2005) *Collapse: How Societies Choose to Fail or Succeed*, New York, Viking Press.

Philippa Foot (1978) *The Problem of Abortion and the Doctrine of the Double Effect in Virtues and Vices*, Oxford, Basil Blackwell. (Originally appeared in the Oxford Review, no. 5, 1967.)

Martin Ford (2009) *The Lights in the Tunnel: Automation, Accelerating Technology and the Economy of the Future*, USA, Acculant Publishing.

Timnit Gebru, Jonathan Krause, Yilun Wang, Duyun Chen, Jia Deng, Erez Lieberman Aiden & Li Fei-Fei (2017) 'Using Deep Learning and Google Street View to Estimate the Demographic Makeup of Neighborhoods Across the United States', *Proceedings of the National Academy of Sciences*, vol. 114, no. 50, pp. 13108–13113.

Christof Henys (2013) *Report of the Special Rapporteur on Extrajudicial, Summary or Arbitrary Executions*, United Nations Human Rights Council.

Martin Luther King Jr (1967) *Where Do We Go from Here: Chaos or Community?* Boston, Beacon Press.

Jakob Bæk Kristensen, Thomas Albrechtsen, Emil Dahl-Nielsen, Michael Jensen, Magnus Skovrind, & Tobias Bornakke (2017)

'Parsimonious Data: How a Single Facebook Like Predicts Voting Behavior in Multiparty Systems', *PLoS one*, vol. 12, no. 9.

James Manyika, Michael Chui, Mehdi Miremadi, Jacques Bughim, Katy George, Paul Willmott & Martin Dewhurst (2017) *A Future that Works: Automation, Employment and Productivity*, McKinsey Global Institute.

Ritesh Noothigattu, Neil Gaikwad, Edmund Awad, Sohad D'Souza, Iyad Rahwan, Pradeep Ravikumar & Ariel Procaccia (2018) 'A Voting–Based System for Ethical Decision Making', *Proceedings of 32nd AAAI Conference on Artificial Intelligence*.

Stephen Omohundro (2008) 'The Basic AI Drives', in Pei Wang, Ben Goertzel & Stan Franklin (eds), *Artificial General Intelligence 2008: Proceedings of the First AGI Conference*, Frontiers in Artificial Intelligence and Applications 171, pp. 483–492, Amsterdam, IOS Press.

Roger Penrose (1989) *The Emperor's New Mind: Concerning Computers, Minds, and the Laws of Physics*, New York, Oxford University Press.

Steven Pinker (2011) *The Better Angels of Our Nature*, New York, Viking Books.

Richard Rhodes (1986) *The Making of the Atomic Bomb*, New York, Simon & Schuster.

Brandon Schoettle & Michael Sivak (2015) *A Preliminary Analysis of Real-World Crashes Involving Self-Driving Vehicles*, The University of Michigan, Transportation Research Institute, Technical Report.

Alan Turing (1937) 'On Computable Numbers, with an Application to the Entscheidungsproblem', *Proceedings of the London Mathematical Society,* vol. 42, pp. 230–265.

Alan Turing (1950) 'Computing Machinery and Intelligence', *Mind*, vol. 59, no. 236, pp. 433–460.

Yilun Wang & Michal Kosinski (2018) 'Deep Neural Networks Are More Accurate than Humans at Detecting Sexual Orientation from Facial Images', *Journal of Personality and Social Psychology*, vol. 114, no. 2, pp. 246–257.

《还活着！从逻辑钢琴到杀手机器人的人工智能》（*It's Alive!: Artificial Intelligence from the Logic Piano to Killer Robots*）推荐语

◉ 一场旋风式的人工智能历史与未来之旅，以及为什么它对我们所有人都很重要。这是一本必读书。

——塞巴斯蒂安·特伦（Sebastian Thrun）[1]，

优达学城（Udacity）首席执行官，

谷歌研究员、斯坦福大学教授

◉ 你已经听过这些天花乱坠的宣传了，现在，从这个领域的一位主要研究人员那里了解现实吧。沃尔什在他优雅的散文中描述了人工智能的过去、现在和未来——以十个诱人的预言而告终。

——奥伦·埃奇奥尼（Oren Etzioni），

艾伦人工智能研究所首席执行官

---

[1]　谷歌无人车之父。——译者注

托比·沃尔什写下了人工智能如何从艾伦·图灵的梦想发展到今天强大的技术力量的故事。这本书振奋人心、深刻、敏锐。他对人工智能将如何改变我们所知道的未来几十年的生活做出了自己的预言。他的语言是否也会被证明是完全正确的呢？我可不会和他打赌的！

——亨利·考茨（Henry Kautz），美国人工智能发展协会前主席，

罗切斯特大学数据科学研究所创始人、主任、教授

（这本书是）全面的概述。它避免了花式炒作，由该领域的专家执笔解释了人工智能实际上可以做什么。

——彼得·诺维格（Peter Norvig），谷歌研究中心主任

【与斯图尔特·罗素合著

《人工智能：一种现代的方法》（*Artificial Intelligence: A Modern Approach*）】

📍 托比·沃尔什是一位罕见的人。他有人工智能技术的深厚知识，对人工智能的经济和社会影响有着浓厚的兴趣，并且以生动、引人入胜的笔调，充满热情完成了这本书的写作。如果你想真正了解在越来越多的领域比人类思考得更好、更快的机器的未来，那么你需要读读这本书。

——艾瑞克·布吕诺尔夫松（Erik Brynjolfsson），麻省理工学院教授

【与安德鲁·麦卡菲合著

《第二次机器时代》（*The Second Machine Age*）】

📍 这本书观点鲜明，以自己的方式娓娓道来。

——安德鲁·马斯特森（Andrew Masterson），COSMOS编辑

📍 以清晰的、令人耳目一新的非技术性语言处理广泛的问题，适合那些希望探索这一主题而不想被太多科学术语吓倒的读者。

——出版者

📍 当谈到技术的发展方向时，沃尔什是值得倾听的。他能讲一个好故事。这本书读起来很有趣，非常引人入胜。

——In the Black

2062: THE WORLD THAT AI MADE By TOBY WALSH
Copyright: © Toby Walsh 2018
This edition arranged with La Trobe University Press, an imprint of Schwartz Publishing Pty Ltd
Through BIG APPLE AGENCY, INC., LABUAN, MALAYSIA.
Simplified Chinese edition copyright:
2020 China South Booky Culture Media Co., Ltd
All rights reserved.

著作权合同登记号：图字 18-2020-023

图书在版编目（CIP）数据

2062：终结 /（澳）托比·沃尔什（Toby Walsh）著；罗静译. -- 长沙：湖南科学技术出版社，2020.10
ISBN 978-7-5710-0646-4

Ⅰ.①2… Ⅱ.①托… ②罗… Ⅲ.①人工智能—研究
Ⅳ.①TP18

中国版本图书馆 CIP 数据核字（2020）第 128896 号

上架建议：科普

2062：ZHONGJIE
2062：终结

作　　者：［澳］托比·沃尔什（Toby Walsh）
译　　者：罗　静
出 版 人：张旭东
责任编辑：林澧波
监　　制：秦　青
策划编辑：张　卉
文字编辑：曹　煜　停　云
版权支持：姚珊珊
营销编辑：吴　思
版式设计：潘雪琴
封面设计：王左左
出　　版：湖南科学技术出版社
　　　　　（湖南省长沙市湘雅路 276 号　邮编：410008）
网　　址：www.hnstp.com
印　　刷：三河市鑫金马印装有限公司
经　　销：新华书店
开　　本：680mm×955mm　1/16
字　　数：190 千字
印　　张：18.5
版　　次：2020 年 10 月第 1 版
印　　次：2020 年 10 月第 1 次印刷
书　　号：ISBN 978-7-5710-0646-4
定　　价：58.00 元

若有质量问题，请致电质量监督电话：010-59096394
团购电话：010-59320018